扣扣家的早餐

扣扣——著

长江出版传媒 湖北科学技术出版社

图书在版编目（CIP）数据

扣扣家的早餐 / 扣扣著. — 武汉：湖北科学技术出版社，2019.1 （2024.5重印）
ISBN 978-7-5706-0523-1

Ⅰ. ①扣… Ⅱ. ①扣… Ⅲ. ①食谱 Ⅳ. ①TS972.12

中国版本图书馆CIP数据核字(2018)第231844号

策　　划：张波军　　　　责任校对：傅　玲

责任编辑：张波军　　　　视频编辑：邱佩实

出版发行：湖北科学技术出版社　　　　电　　话：027-87679468

地　　址：武汉市雄楚大街268号　　　　邮　　编：430070
（湖北出版文化城B座13-14层）

网　　址：http: //www.hbstp.com.cn

印　　刷：湖北金港彩印有限公司　　　　邮　　编：430040

720×1000　1/16　20.25 印张　220千字

2019年1月第1版　　　　2024年5月第5次印刷

定价：78.00元

王一万　　萱萱　　扣扣

前言

我是扣扣！是你们知道的那个爱做早餐、坚强、勇敢、乐观的扣扣！

2012 年我被确诊为一种比较罕见的血液病——真性红细胞增多症（英文缩写 PV），是一种造血干细胞紊乱、基因突变引发的罕见血液疾病，终身不能治愈，需要靠药物治疗维持生命。我是孩子的好妈妈，丈夫的好妻子，爸妈的好女儿，但是我生病了……

面对这突如其来的噩耗，命运并没有打垮我，我总是在想我这一生到底做了些什么，能留下些什么？当一个人的生命划上了时间的符号时，你会格外珍惜这个时间。我希望以后我的每一天，都能够陪伴在孩子身边。但是，我应该用什么样的方式来留住自己对这个家庭的一份爱呢？我找到的答案是——味道。一个人的味蕾和味觉，会是一生的回忆。

这期间除了家人和最好的朋友，没有人知道我是一位病人，我正常地生活，正常地工作，过着最平凡的安逸生活。

我每天会在微信、微博中记录下我给孩子做的每一份早餐。2016 年我开通了个人公众号，写下了我的故事，没想到点击量高达上万，正是如此，受到了很多媒体的关注。2017 年我意外地收到了《舌尖上的中国》剧组对我的邀请，惊喜之余也充满疑惑，我就是一个普通的给孩子做饭的妈妈，为什么会找我呢？节目组说，是我积极乐观的生活态度打动了他们，希望我的正能量能激励更多的人乐观向上地生活。

2018年大年初八晚上节目播出后反响强烈，我收到了热心观众对我的鼓励和赞美，同时也收到了一些对我不好的评论。那几天我陷入了人生的低谷，我接受不了这些负面影响，我躲在家里不想见人、也不想说话。几天以后我想明白了，我是个连死都不怕的人，我为什么要在乎别人对我的想法呢？有这么多人喜欢我、支持我，我为什么要去理会那些极少数的网络键盘侠呢？我为什么要为几个不相干的人折磨自己？我是坚强的扣扣！我要站起来！

我的内心还藏有一个二十几年的小故事。我是不折不扣的哲迷，从初中开始我就喜欢张信哲，开心的时候听他的歌，不开心的时候还是听他的歌，听到废寝忘食、迷到神魂颠倒，除了美食这就是我最大的兴趣爱好。我的女儿现在也是个小哲迷，《过火》《爱如潮水》《信仰》她都会唱，这也算是她的音乐启蒙吧。2018年我陆续收到了中央电视台《乐活中国》《越战越勇》节目的邀请，走上了央视的舞台唱了张信哲的歌《爱就一个字》和《时间都去哪儿了》，收到了韩乔生、鲁健、成方圆、杨帆、李明启、江涛、郭峰、耿为华、孟盛楠等老师的祝福，还意外地收获了张信哲对我的祝福。我会带着这些祝福乐观、开朗、幸福地生活下去！

如今我的生活更加充实美好，一方面有了更多的压力，另一方面也多了许多动力。特别感谢对我善意的人们，正因为你们的鼓励才让我更加有动力！感谢我的女儿，是她让我更勇敢地面对生活！感谢我的父母和我的姐姐！感谢我身边的朋友对我的照顾！感谢湖北科学技术出版社对这本书的大力支持，让我能多留下一份宝贵的财富。

梭罗曾说过："我希望活得深刻，汲取生命中所有的精华，把非生命的一切都击溃，以免当我的生命终结，发现自己从没有活过。"

余生不多，我会用尽生命的全部善待自己、好好生活！活着，就让每一天都闪闪发光！

"请记住我，虽然再见必须说。请记住我，眼泪不要坠落。我虽然要离你远去，你住在我心底，在每个分离的夜里，为你唱一首歌。请记住我，虽然我要去远方……"

目录
C O N T E N T S

Chapter 1 挥之不去的旧时光

Chapter 2 路上味道留在心间

Chapter 3　内心丰盈便可致茂

Chapter 4　手的温度让爱发酵

Chapter 5 一粥一饭间皆是爱

Chapter 6 捧一碗暖心的汤面

Chapter 7 浪漫点缀的甜蜜

Chapter 8 童趣满满的小零嘴

挥之不去的旧时光

1

煎饼果子

配 鹰嘴豆豆浆

在现代化城市中，不乏高档的美食料理，但那些都无法代替人们对传统小吃的热爱，这种味道不管走到世界上哪一个地方，只要吃上一口就会惊呼："就是这个味儿！"

在天津的小吃里，煎饼果子是最出名的。越是高档的餐厅越没有煎饼果子，反而都藏在那些不起眼的小摊位中，而且往往需要排长队才能吃上一套味道正宗的煎饼果子。如果摊位前没人排队，基本上可以判断出这家的煎饼果子不好吃，为嘛呢？哈哈，因为天津人的嘴巴是比较挑剔的，不正宗的顶多上一次当，绝对不会再买第二次了。

作为一个天津人，这样的早点也能自己在家里完成，虽然制作过程有点麻烦，但这也算是必备的一项本领吧！若在异地他乡，想起这个味道的时候，也可以自己做出来。

正宗的天津煎饼果子，必须用绿豆面作为主料，白面和小米面按比例搭配，再配上各家的独门秘方。果子、果篦最好是刚炸出来的。

与《舌尖上的中国 3》煎饼红姐成为好朋友后，我向她取了点经。红姐告诉我，甜面酱调料要蒸一下。怪不得红姐的酱味道不一般呢！知道了这个小秘方，大家也可以在家试着做天津煎饼果子了。

您的人
最美好的

煎饼果子

果篦

需要材料

中筋面粉 100g
水 40g
油 5g

扣扣说

果篦就是薄脆，果篦一定要薄薄的、现炸出来的，这样吃起来才是脆脆的。我的方法也许不那么正宗，家庭版这么做就已经可以了。

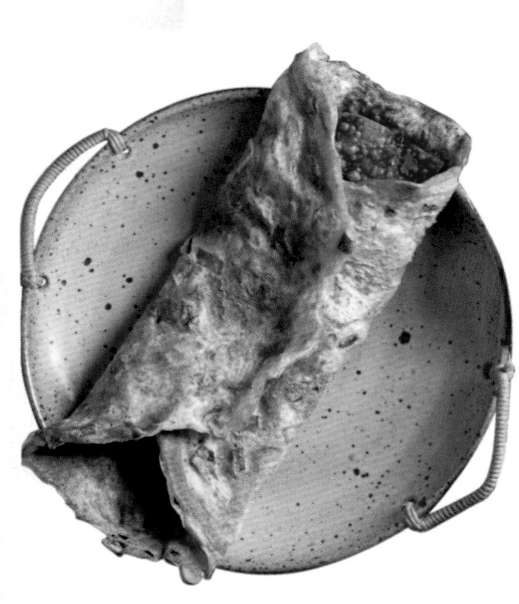

制作方法

1 将面粉、水、油搅拌均匀，先用筷子搅拌成絮状，再用手揉成面团。盖上保鲜膜静置15分钟。

扣扣说

因为要压面，面团一定要稍微硬一些。

2 压面机压面，从最宽的七档压两遍开始，五档压两遍，三档压两遍，最后用最薄的一档压两遍。

3 面片切成适合夹在煎饼果子中间的尺寸。

4 凉锅凉油，八分油温时下面片，再转高火，将两面炸到金黄，就可以捞出放沥网控油。

扣扣说

如果觉得自制果篦太麻烦，也可以用馄饨皮代替，将馄饨皮擀薄后下锅炸。

煎饼果子皮

需要材料

绿豆面◇◇◇◇◇◇◇◇100g
小米面◇◇◇◇◇◇◇◇◇25g
中筋面粉◇◇◇◇◇◇◇12g
盐◇◇◇◇◇◇◇◇◇◇◇◇◇◇3g
五香粉◇◇◇◇◇◇◇◇◇1g
水◇◇◇◇◇◇◇◇◇◇◇◇◇270g
鸡蛋◇◇◇◇◇◇◇◇◇适量
孜然粉
熟黑芝麻
甜面酱
腐乳
葱末
香菜末

准备工作

1 将三种面混合。三种面的比例为绿豆面：小米面：面粉=4:1:0.5。

扣扣说

一定要以绿豆面为主，小米面和面粉要少放，放小米面和面粉是为了易于成形。

2 在混合的面粉中，加入适量的盐和五香粉，加水调成面糊。

扣扣说

面糊不能太稠（不然用蜻蜓刷摊不开），也不能太稀，要用勺提起呈可自由流动的状态。

制作方法

1 热锅，煎饼锅先刷一层薄油。

2 两勺面糊倒在中间，用蜻蜓刷向四周画圆摊开。

3 迅速打两个鸡蛋，抓一把葱末，趁蛋液还未凝固时摊开。撒一些孜然粉提味，再撒上些熟黑芝麻。

4 用扁铲慢慢从四周铲开，迅速翻面。

扣扣说

别怕烫呀，慢的话就散架啦。

5 刷甜面酱、腐乳，放一点葱末、香菜末。

扣扣说

甜面酱要提前上锅蒸熟。

6 放一片刚炸好的果篦在中间，两边分别向中间叠起就可以了。

鹰嘴豆豆浆

需要材料

鹰嘴豆 ◇◇◇◇◇◇ 20g
黄豆 ◇◇◇◇◇◇◇◇ 30g
水 ◇◇◇◇◇◇◇◇◇◇ 适量
冰糖 ◇◇◇◇◇◇◇ 适量

准备工作

鹰嘴豆和黄豆泡 4 小时。

扣扣说

用泡过的豆子做出的豆浆口感更好，不泡也可以。

制作方法

1 泡好的鹰嘴豆和黄豆放入 Jese 破壁机（JS-100S）。

2 加水至杯体 1000mL 刻度线。

扣扣说

注意水不要超过破壁机的热饮最高水位线。

3 选择“豆浆”模式。1 2

4 工作程序结束后会有“嘀嘀”提示声。3

5 打开盖子上的防溢盖，加入冰糖。

扣扣说

按口味自选，可不放冰糖做原味豆浆。

6 选择“点动”按钮，两次点动，一次 5 秒即可。

1

2

3

4

2

津味素卷圈

配 天津老豆腐

天津老豆腐和津味素卷圈，是天津最传统的早餐。再配上一碗豆浆、一根油条，或是一个窝头，都是经典的早餐搭配。

自己在家做的老豆腐和外面做的最大的区别，就是比外面料更足。肉末、鸡蛋、香菇、木耳，满满一大碗，应有尽有。

津味素卷圈，要用到两大调料——腐乳和芝麻酱。这让我想起小时候一个馒头蘸点芝麻白糖酱或是抹点腐乳，都觉得是无比的美味。现在的我们是再也找不回小时候的淳朴了，有时候我真想永远活在小时候，活在那个无忧无虑，每天跳皮筋、丢沙包、疯跑的日子里！

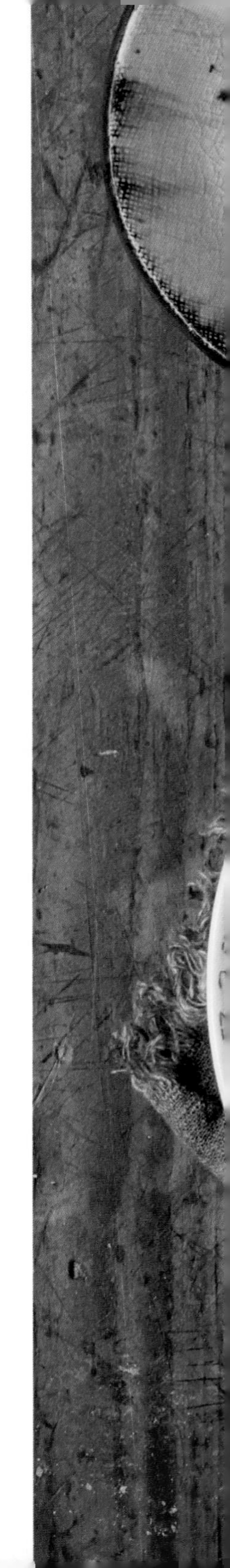

津味素卷圈

需要材料

胡萝卜 ◇◇◇◇ 一根
绿豆芽 ◇◇◇◇ 一把
豆腐干 ◇◇◇◇ 一块
粉丝 ◇◇◇◇◇◇◇ 一把
香菜 ◇◇◇◇◇◇◇ 一把
春卷皮
腐乳
芝麻酱
生抽
盐

准备工作

1 小锅烧水煮粉丝后捞出。

2 胡萝卜洗净、去皮、擦细丝；绿豆芽洗净、控水；豆腐干切小块；粉丝切碎；香菜洗净、切碎。这些材料放进冰箱冷藏保存。

扣扣说

这些材料在保存时先不放调料，放调料后容易出水；也不要包好皮和馅再冷藏，馅会出水导致皮变湿。

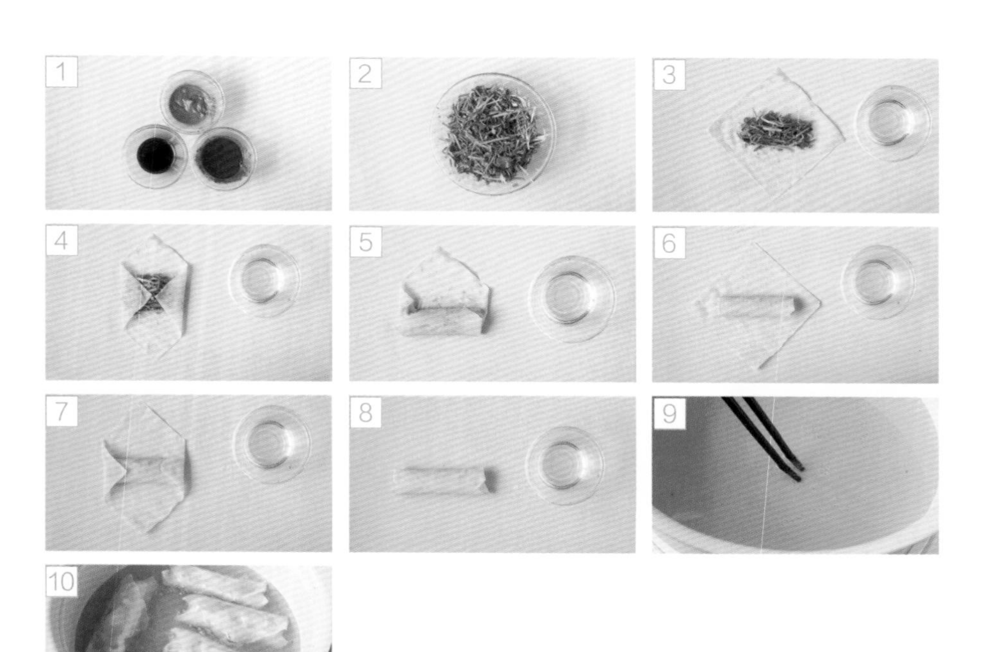

制作方法

1 调酱汁：腐乳、芝麻酱、生抽、盐，搅拌均匀。1

2 在之前冷藏保存的食材中加入调好的酱汁，搅拌均匀。2

3 两张春卷皮包一个卷圈，封口处用水粘合。3 — 8

扣扣说

春卷皮容易干燥变硬，暂时不用的春卷皮要用湿布盖着。

4 锅中放适量油，掌握好油温，一般油炸的油温控制在180℃左右。判断方法是把筷子放进油锅里，从筷子头往上面冒小泡就是温度可以了。9

测油温
的方法

5 保持中火，下卷圈，炸到表面金黄便可出锅。10

6 放在沥网上控油，再放到厨房纸上吸油。

扣扣说

一次做的多，如果吃不完的话，可以冷冻保存。

天津老豆腐

需要材料

大骨棒
葱
姜
蒜
八角 ◇◇◇◇◇◇◇◇ 2个
干黄花菜
干香菇
干木耳
肉末
鸡蛋 ◇◇◇◇◇◇◇◇ 1个
嫩豆腐 ◇◇◇◇◇ 2盒
芝麻酱
淀粉
盐
生抽
老抽
黄酒

准备工作

1 大骨棒加姜片、蒜瓣、水熬高汤。

2 干黄花菜、干香菇、干木耳泡发。

3 在泡发好的黄花菜中间切一刀；将泡发好的香菇和木耳切丁。

4 葱、姜切片；蒜压蒜泥；用凉开水调芝麻酱汁；鸡蛋打散；准备水淀粉。

制作方法

1 锅放少许油，下葱片、姜片、八角炒出香味。1

2 下肉末翻炒，再下黄花菜和香菇。2

扣扣说

先不放木耳，容易蹦。

3 加两勺生抽、一勺老抽、一勺黄酒，炒匀。3

4 加高汤。4

扣扣说

也可以用水代替。

5 加木耳丁。5

6 煮开后，捞出八角和姜片。6

7 加水淀粉。7

8 打入鸡蛋，加盐，关火。8 9

9 嫩豆腐用扁勺捞成小薄片，浇入卤汁，加芝麻酱汁和蒜泥调味即可。10 — 12

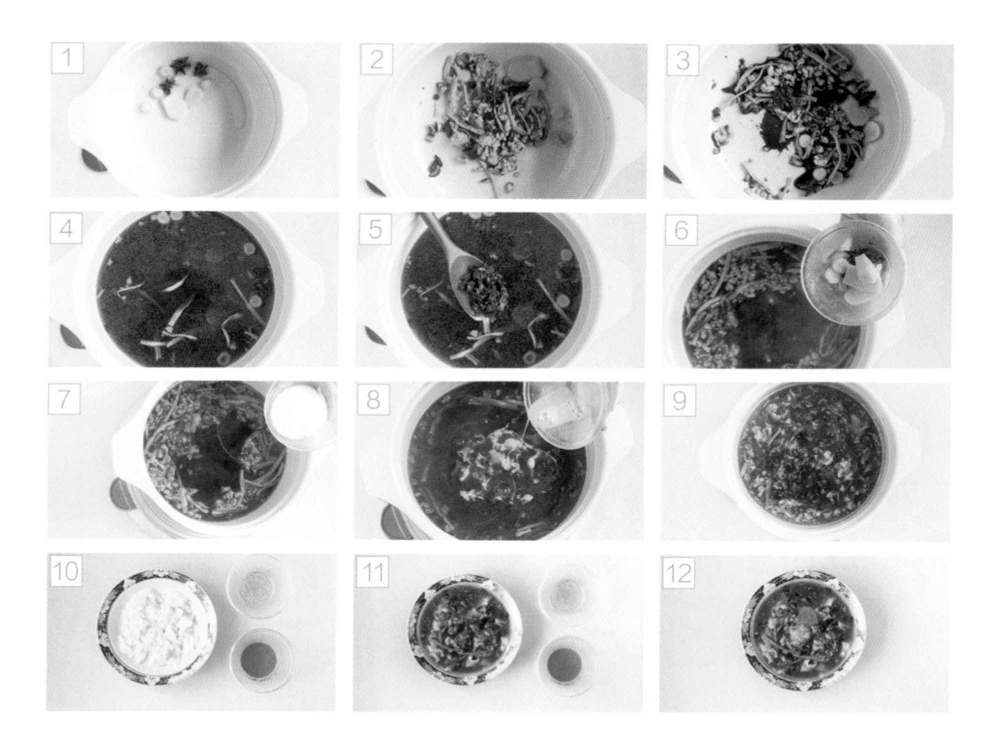

3

春饼

㊞ 酱牛肉、小米粥

每个地方的节日特色不同，吃的东西也不同。北方的各种节日里应该是吃饺子最多了吧，立冬吃饺子、大年三十吃饺子、初五吃饺子、立夏吃饺子……这其实就是一种仪式感，让我们更好地享受每个节日。

立春，在我们这里是要吃春饼的，薄薄的春饼夹菜夹肉蘸酱，特别好吃。春饼各家各有不同，有用薄饼的，有用大饼的，有用像纸一般透明的薄饼（这种大部分是把饺子皮擀薄后再蒸熟的）。炒合菜，分素炒和肉炒，韭菜、豆芽菜、粉丝都是必不可少的食材。夹的肉也有讲究，酱猪头肉、酱牛肉、酱肘子、火腿。调料也很重要，我家多用甜面酱。卷好一整套，张开大嘴，尽情享用吧！

春饼

薄饼

需要材料

中筋面粉 ◇◇◇ 250g
沸水 ◇◇◇◇◇ 180mL
盐 ◇◇◇◇◇◇◇◇◇◇◇◇◇◇◇ 2g
油

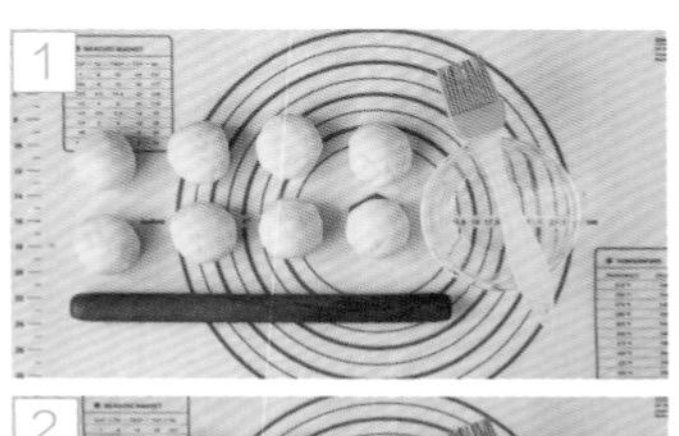

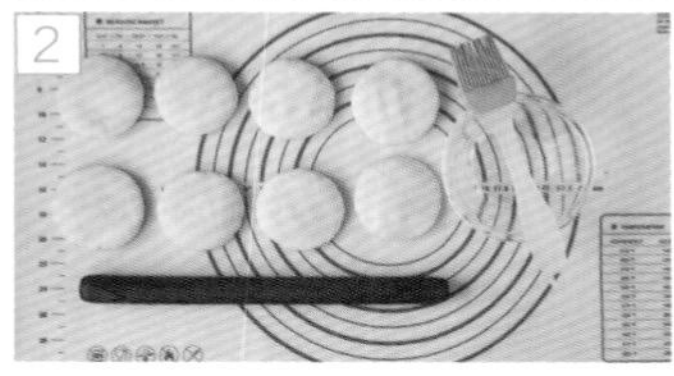

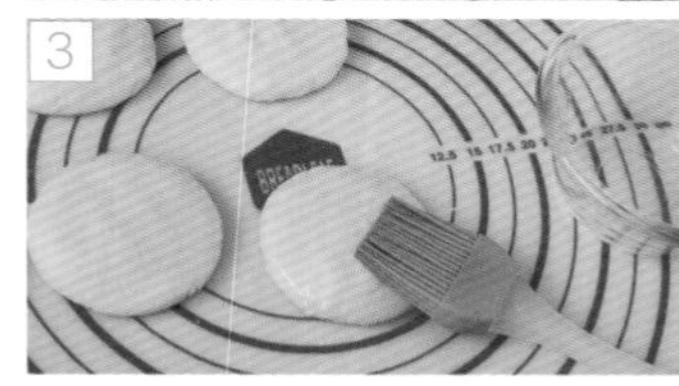

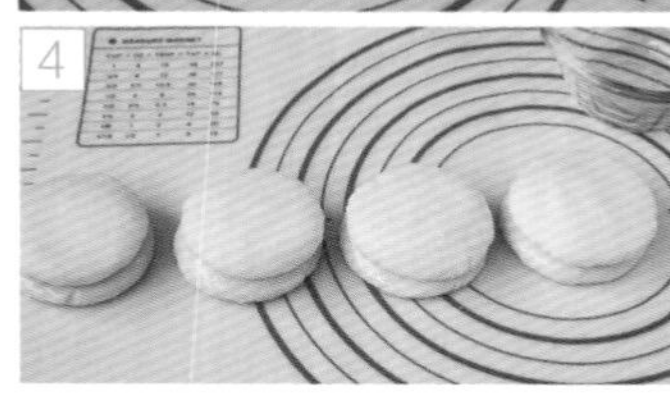

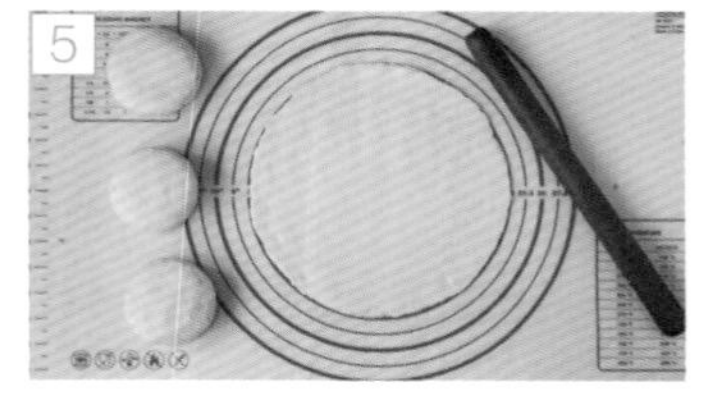

准备工作

1 面粉中放盐。

2 沸水浇到面粉上，尽量把面粉都浇到，用筷子搅拌成絮状，再用手揉成光滑的面团。

扣扣说

这会儿温度很高先用筷子搅拌，等温度降下来了再用手揉成光滑的面团。揉面团的时间不用太久，3～5分钟就可以了。

3 盖上湿布，醒面30分钟。

4 把醒好的面团分成8份，每份都揉圆，尽量大小相同。1

5 面团分别按扁，两个面团为一组中间刷一层油叠起来。2 — 4

6 4组面团裹上保鲜膜备用。

扣扣说

室温20℃以下可以常温放置。放冰箱里的话，第二天早晨面团会有点硬，需要起床后先从冰箱里拿出来回温。裹面团的保鲜膜上也要涂一层薄油，防止面团粘连。

制作方法

1 将两个一组的面团擀圆，先从中间压，再往边缘擀开，尽量一样薄厚。5

扣扣说

我每次大概擀成直径22cm的圆，我用的擀面垫有刻度，边缘处按垫子上的刻度用手整形一下。

2 平底锅烧热，中小火，放入饼坯，开始烙饼。

扣扣说

这时候可以继续擀第二组面饼。

3 把锅里的饼翻面，两面各烙1～2分钟就好了。

扣扣说

因为是烫面的，所以熟得很快。

4 烙好的饼放在盘子中，用湿布盖上，保持湿度和温度不流失。

炒合菜

需要材料

猪肉
粉丝
胡萝卜
豆芽菜
韭菜
生抽
盐

准备工作

1 粉丝泡软。

2 胡萝卜洗净、去皮、切丝。

3 豆芽菜洗净、控水，把豆芽菜的两头去掉。

扣扣说

这样处理过的豆芽菜称为“掐菜”。

4 韭菜洗净、择净、切段。

5 猪肉切丝。

制作方法

1 热锅热油，下猪肉丝炒至变色。

2 下胡萝卜丝，加入少许生抽。

3 下粉丝，再下豆芽菜，最后下韭菜，出锅前加盐。

扣扣说

韭菜易熟，最后放入可以保持韭菜的颜色翠绿。豆芽菜含水量高，出汤正常，盐最后放可以减少出汤量。还可以先炒两个鸡蛋，最后加入合菜中也可吸收一些汤汁，味道也会更加丰富。

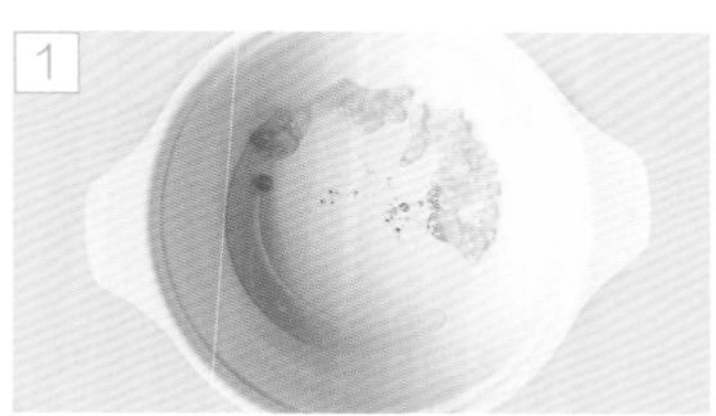

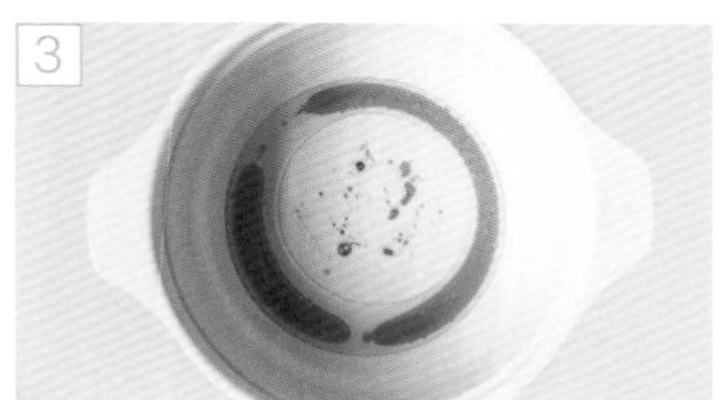

酱牛肉（高压锅简易版）

需要材料

牛腱子
八角
桂皮
香叶
葱
姜
盐
生抽
老抽
料酒
冰糖

准备工作

1 牛腱子洗净，泡1小时去血水。

扣扣说

牛腱子也可以冷水下锅煮开去血水。

2 烧一壶开水。

3 炒糖水：锅内放少许油，加入冰糖，待冰糖熔化、冒泡、呈焦糖色时，倒入热水。1—3

扣扣说

炒糖水时要小心，糖不要炒煳，温度高不要被烫到。如果不炒糖水，也可以直接把冰糖和热水倒入高压锅，再多放一些老抽或红烧酱油调色。

制作方法

1 高压锅中放入牛腱子，加入糖水。

扣扣说

水要高于牛腱子的高度，若糖水不够还要再倒入热水。

2 生抽调味多放一些，老抽调色少放一些。加入八角、桂皮、香叶、葱段、姜片、料酒、盐。

3 高压锅焖煮30分钟。

4 牛腱子捞出，冷藏后切片食用。

扣扣说

不要把酱牛肉一直泡在汁水中，否则不好切片，容易散开。

小米粥

需要材料

小米
水

制作方法

小米加适量水，用电炖锅预约4小时。

酱牛肉的蘸料

需要材料

蒜
香葱
香菜
辣椒面
熟花生碎
熟白芝麻
生抽
蚝油
香油

制作方法

1 蒜压蒜泥；香葱只要葱绿部分，切末；香菜切末。

2 蒜泥、香葱末、辣椒面放在一起。

3 热锅热油，把热油浇到第二步的调料里，烫出香味。

4 加入生抽、蚝油、香油、熟花生碎、熟白芝麻、香菜末，搅拌均匀。

5 加入少量熟水拌匀即可。

4

酱香肉龙
配 大米小麦胚芽粥

肉龙，也许是北方专用词，属于北方许多幼儿园小朋友的童年最佳美食。我老公王一万一直认为小时候幼儿园做的肉龙是最好吃的，一看到肉龙眼睛都会瞪大。我女儿萱萱有一天放学回家，特意把中午学校做的肉龙带了回来，让我尝尝。萱萱可能觉得学校做的比我做的更好吃，想与我分享。孩子对我这么用心，我怎么舍得辜负她的一片好意呢，我就很欢喜地吃了。从那以后，萱萱好像觉得我也很爱吃他们学校做的肉龙，就经常给我带回来一小块。我说：“你给我带回来了，你自己还吃得饱吗？”萱萱总会说：“我吃了两大块呢，这块是特意给你带回来的。”我的心都被女儿融化了，真是个会哄人的小甜心。

酱香肉龙

需要材料

猪肉馅
姜末
葱末
生抽
香油
黄豆酱
白胡椒粉
十三香
盐
花椒水
中筋面粉
酵母

准备工作

揉面团

1 用40℃左右的温水冲开酵母。

2 用筷子迅速将面粉、酵母水搅成絮状，再用手揉成光滑的面团。

3 盖上保鲜膜，发酵到两倍左右，放入冰箱冷藏备用。

拌肉馅

4 猪肉馅加姜末、葱末、生抽、香油、黄豆酱、白胡椒粉、十三香、花椒水、盐一起搅打上劲。肉馅放入冰箱冷藏备用。

制作方法

1 面团和肉馅从冰箱拿出来回温。

2 面板上均匀地撒上面粉，面团再次排气，揉软。

3 把面团擀成一个大的面片。1

扣扣说

面片的宽度要小于蒸锅的直径。

4 面片上铺满肉馅，末端不放肉馅但要刷点水，方便卷起的时候能粘连在一起。2

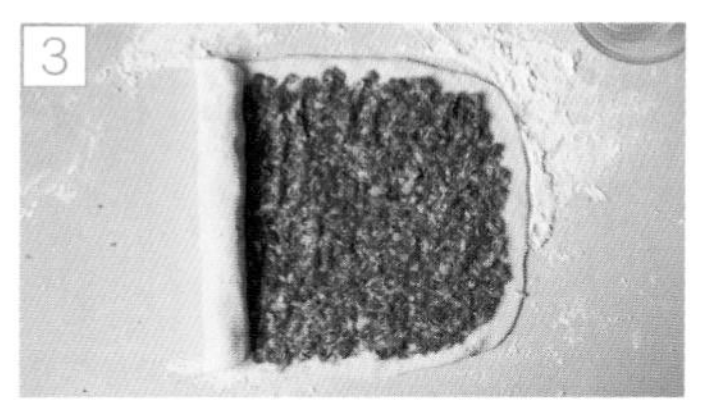

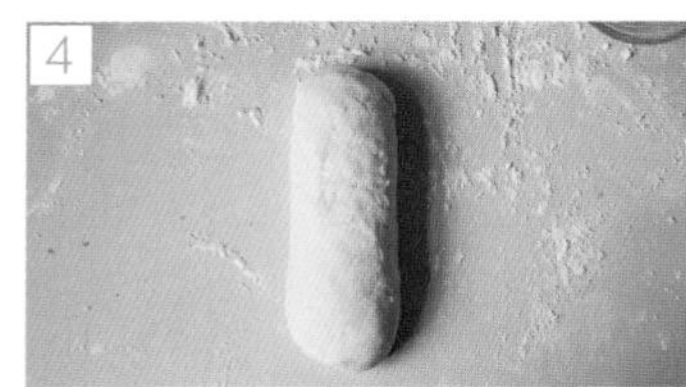

5 顺着一端卷起，收尾处刷过水，可以放在最下面固定住。3 4

6 蒸锅中加入凉水，肉龙放在蒸屉上，醒发 15 分钟。

7 大火蒸15分钟。

8 关火后不要马上打开盖子，焖一会儿。

9 肉龙切段即可。

大米小麦胚芽粥

需要材料

大米
小麦胚芽
油
水

制作方法

1 大米浸泡 30 分钟，将水倒掉。

2 加入水、几滴油，煮粥。

3 大米粥煮到开花的时候，加入小麦胚芽再煮几分钟即可。

扣扣说

胚芽是小麦中营养价值最高的部分，具有极高的营养价值和药用价值，对心血管疾病也有好处。

路上味道留在心间

5

潮汕虾蟹粥

配 蜜汁烤肉

牛肉丸、虾蟹粥、菜脯蛋，还有最著名的餐具都出自潮汕。潮州的牛肉丸爽口弹牙，鱼丸也好吃，就连只用清水煮碗汤都十分鲜美。

熬虾蟹粥，我是先炸了虾头，留下虾油。虾油也是很好的调料，很多面馆的桌上摆的小调料就是虾油、麻油，可谓提鲜小能手。橄榄菜也是虾蟹粥的必备调料。

潮汕虾蟹粥

需要材料

大米
虾
蟹
香芹
姜
盐
白胡椒粉
料酒

准备工作

1 蟹揭去蟹盖，切半，去除腮及内脏，洗净。1—3

2 虾去头，开背去虾线。4—6

3 蟹和虾，加入少许盐和料酒拌匀，腌10分钟。

4 姜切片；香芹切末。

制作方法

1 炒锅倒入足量油，下虾头，炸出虾油。

扣扣说

用不完的虾油可以密封保存。

2 大米洗净，加入清水浸泡30分钟，捞出沥干水分。

扣扣说

淘净米后再泡30分钟，让米粒充分吸收水分，才能熬煮出浓稠的粥。

3 砂锅中加入大米、水、两勺虾油。

扣扣说

依据个人喜好和粥的品种不同，可分为全粥、稠粥和稀粥。大米与水的比例分别为：
全粥＝大米1杯＋水8杯
稠粥＝大米1杯＋水10杯

稀粥＝大米 1 杯＋水 13 杯

4 大火烧开后转小火，不断搅拌。

扣扣说

俗话说“煮粥没有巧，三十六下搅”，就是在说明搅拌对煮粥的重要性。

5 煮到大米开花后，转中火，加入姜片、蟹，煮 5 分钟。

6 转小火，加入虾、香芹末，再煮 5 分钟。

扣扣说

烹煮时要注意材料的加入顺序，熟得慢的材料先放，易熟的材料后放，煮至所有材料熟透，粥的纯度才不会受到影响。

7 粥变稠，关火。加盐、白胡椒粉搅拌均匀即可。

扣扣说

能保温的砂锅是最佳的煮粥工具。由于砂锅最怕冷热的变化，所以煮粥时要先开小火热锅，要加热水。不宜用金属勺触碰砂锅搅拌，否则容易使砂锅爆裂，建议用瓷勺或木勺。

蜜汁烤肉

需要材料

猪颈肉
叉烧酱
蜂蜜
料酒

准备工作

猪颈肉加入叉烧酱、蜂蜜、料酒，拌匀，放入保鲜盒内，冷藏 24 小时入味。

制作方法

1 烤箱预热 200℃。

2 在猪颈肉表面刷蜂蜜、叉烧酱。放入预热好的烤箱烤 15 分钟。

3 取出，翻面，再刷一层酱。放入烤箱再烤 10 分钟。切片食用。

扣扣说

不同的烤箱，温度也有差异，烤制温度与时间按自家烤箱为准。

6

蛋饺乌冬面

配 手撕葱油鸡丝、鸡汤

据说蛋饺是上海人必不可少的年夜饭，会用专门的大铁勺子，抹一层猪油，再倒入蛋液。我没有那么专业的勺子，就用小圆锅做。

还有一种吃法，就是蛋饺和黄瓜一起炒，再调味勾芡。以前我妈妈经常做“鸡蛋里裹肉”，炖一下，虽然叫法不一样，但味道是一样的。我妈妈做的这个属于家庭自创菜，我一直叫它“鸡蛋裹肉”……

手撕葱油鸡丝，曾经是一道奶奶爱做的菜。很多人可能和我一样，整鸡熬好了鸡汤，但鸡胸肉不爱吃，丢了又可惜，奶奶就用这个做法变废为宝。奶奶做的手撕葱油鸡丝，我能吃下一大盘，葱油鸡汤我也能喝上一大碗。我以前一直管奶奶做的这个菜叫白斩鸡，长大了才知道，这也是我家的自创菜谱呢！

蛋饺乌冬面

需要材料

猪肉馅
鸡蛋 ◇◇◇◇◇◇◇ 2个
淀粉
葱末
姜末
生抽
料酒
香油
盐
白胡椒粉
十三香
青菜
魔芋丝
乌冬面

准备工作

1 猪肉馅中加入葱末、姜末、生抽、料酒、香油、盐、白胡椒粉、十三香，搅拌均匀。

2 淀粉兑适量水，成水淀粉。

3 鸡蛋打散，加入一小勺水淀粉。

扣扣说

加了水淀粉的蛋液有韧性，蛋皮不容易破。

4 热锅，加一点油，温热的时候倒入蛋液，在蛋液稍微凝固的时候放入肉馅，将一侧的蛋液盖在另一侧上面，边缘处用筷子压紧。
1—3

扣扣说

做完后的蛋饺是半熟状态，蛋皮熟了，肉馅却不熟，如果想马上吃，还需要再蒸一下或者煮一下。

制作方法

1 鸡汤煮开下乌冬面，再在上面放蛋饺煮 2 ~ 3 分钟。

2 最后放入青菜和魔芋丝，加盐调味即可。

扣扣说

蛋饺一次可以多做些，吃不完的冷冻保存。吃火锅或是关东煮的时候都可以放蛋饺。

手撕葱油鸡丝

需要材料

熬鸡汤的肉 1 份
大葱 1 根
盐

制作方法

1 大葱切丝（多切一些）。

2 鸡肉用手撕成丝。

3 热锅放油，下葱丝炒出香味，再下鸡丝，加两勺鸡汤，加盐调味。

鸡汤

需要材料

鸡腿 1 个
姜

扣扣说

也可用鸡架煮鸡汤。

制作方法

1 小锅烧水，热水壶烧水，同时进行。姜切片。

2 小锅水开后，放鸡腿，去血水。捞出鸡腿，用温水洗去浮沫。

3 鸡腿放入砂锅中，加入刚用热水壶烧好的开水，放入姜片，小火煮 30 分钟即可。

7

炒鱼面

㊎腌萝卜、绿豆小米浆

鱼面是湖北省特产。我虽然没有去过湖北，但依然抑制不住想要品尝特色美食的心情。不知道我这个做法和味道正宗不正宗，还是挺好吃的。

尝试新食物，我也是在不断出错、学习、改正，结果不重要，做事的过程才是最宝贵的财富。最初我是想把鱼肉直接搅打成泥做面条，但做着做着就直接变成鱼滑了，然后发现再加入面粉也不能压成面条。我就去网上查找了一些制作鱼面的方法，想学习一下，误打误撞地找到了一家专门卖鱼面的店铺，就想着先买一些回来尝尝看，于是就做成了炒鱼面。

炒鱼面

需要材料

鱼面
猪肉
卷心菜
彩椒
葱末
生抽
盐

准备工作

1 猪肉切丝。

2 卷心菜洗净、切丝；彩椒洗净、切丝。

3 用开水浸泡鱼面20分钟，控水捞出。

制作方法

1 热锅放油，彩椒丝下锅断生后盛出备用。

2 炒锅再放少许油，下猪肉丝、葱末。

3 下卷心菜丝，放一点生抽。

4 下泡好的鱼面，一起翻炒5分钟。

5 放入断生的彩椒丝，加适量盐，出锅。

腌萝卜

需要材料

白萝卜 ◇◇◇◇ 半根
盐
细砂糖
生抽
白醋
熟水
熟白芝麻

制作方法

1 白萝卜洗净、切片。

扣扣说

白萝卜不用去皮，口感会更脆；也不要切太薄，不然吃起来也不够脆。不要用空心的萝卜，空心萝卜没有水分，不好吃。

2 白萝卜片加盐，至少腌30分钟，逼出水分。

3 出的水倒掉，挤干。

4 加一些细砂糖再逼出一些水分，把水倒掉。

5 白萝卜放细砂糖、生抽、白醋、熟水腌制一夜。

6 食用前可撒适量熟白芝麻。

扣扣说

腌菜，用的是一夜渍的方法腌制，可减少食物中的亚硝酸盐。

绿豆小米浆

需要材料

绿豆 ◇◇◇◇◇◇◇ 30g
小米 ◇◇◇◇◇◇◇ 20g
水 ◇◇◇◇◇◇◇◇◇◇ 适量
冰糖 ◇◇◇◇◇◇◇ 适量

准备工作

绿豆和小米泡 4 小时。

制作方法

1 泡好的绿豆和小米放入破壁机。

2 加水至杯体 1000mL 刻度线。

3 选择“豆浆”模式。1 2

4 工作程序结束后会有“嘀嘀”提示声。3

5 打开盖子上的防溢盖，加入冰糖。4 5

6 选择“点动”按钮，两次点动，一次 5 秒即可。6 7

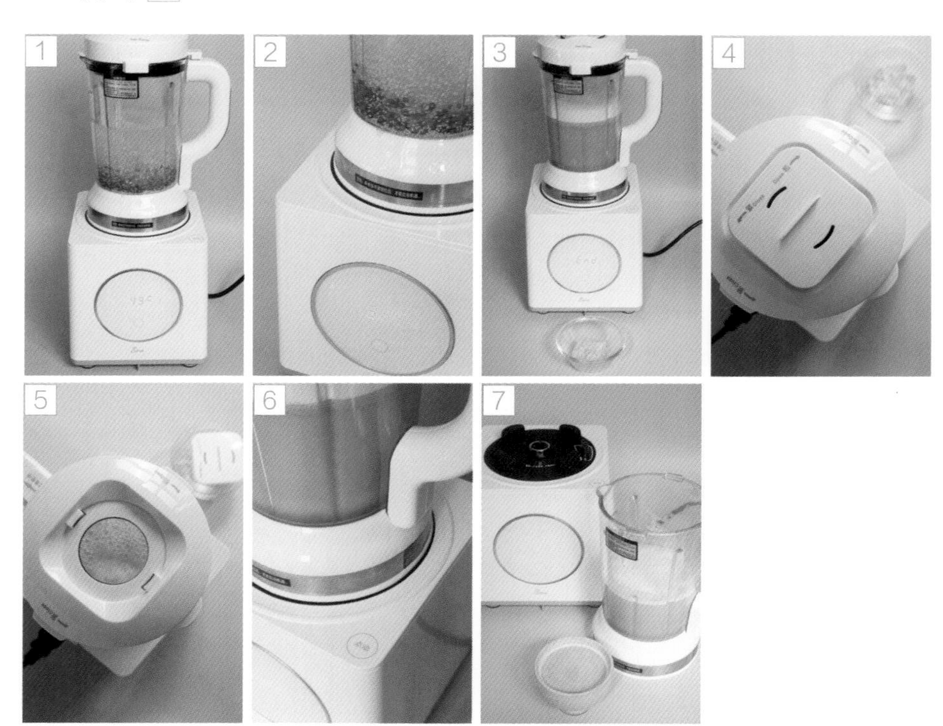

8

云南红米线

配 肉末酸豆角

我很幸运，常常有全国各地的好朋友寄给我当地的特产，让我足不出户便可吃遍全国。这次是朋友从云南寄过来的红米线，是用红河州的红米做的，做好后马上抽真空塑封寄给我，我收到的时候还很新鲜，就马上做了这一锅热腾腾的云南红米线。

新鲜无添加的食物即使存放在冰箱里也容易变质，就像这个米线，等 4 天后我再想吃的时候，已经长毛发霉了。其实，我对变质的食物真的一点也不觉得反感，越是无添加、无防腐剂的食物，越容易变质。这当然是好事了，吃到嘴里的东西要安全才让人放心，就是如果没有及时吃完，丢掉有些可惜。我在超市买食品之前也会仔细看配料表，有一大串添加剂的我不买，如果在力所能及的条件下，自己简单做点，是对家人的一份疼爱。让自己的孩子少吃含有添加剂的食物，多吃一些“妈妈牌”吧。

云南红米线

需要材料

红米线
肉末
韭菜
豆芽菜
葱末
生抽
老抽
盐

准备工作

1 韭菜洗净、择净、切段。

2 豆芽菜洗净，去掉两端。

制作方法

1 热锅放油，下葱末炝锅。

2 下肉末，逼出肉末中的油脂。

3 加生抽调味、老抽调色。

4 加水煮开，下豆芽菜和韭菜。

5 加盐调味，出锅。

6 另起汤锅烧水，水开后下红米线，煮开即可。

7 红米线控水捞出，加入调好的汤。

肉末酸豆角

需要材料

肉末
酸豆角丁
生抽

制作方法

1 热锅放油，下肉末炒至变色。

2 下酸豆角丁，加入少许生抽调味。

扣扣说

酸豆角有咸味，可以不放盐。

9

白吉馍夹腊汁肉
�八配 红薯棒碴粥

白吉馍夹腊汁肉是西安小吃，现在也算是早餐的标配了，很多店铺还会配合米线全天供应。自己在家里做的馍不像正宗的做法那样是外酥内软的面饼坯子，用火烤一下表皮，让表皮更酥。我一般是用电饼铛烙好后，再用烤箱烤一下。

切开馍，可以在中间再夹点青椒或香菜提味。正宗的做法是只放肉，肉还分为标准、纯瘦、纯肥，我觉得还是有点肥肉的香。经典的做法是把肉剁碎的时候，将卤肉的汤汁浇在肉上面，以便更入味。最后再叮嘱一下，卤肉的汤千万不要倒掉，煮几个鸡蛋放进去一起卤，很入味。

白吉馍夹腊汁肉

白吉馍

需要材料

中筋面粉 ◇◇◇ 300g
酵母 ◇◇◇◇◇◇◇◇◇◇◇ 2g
盐 ◇◇◇◇◇◇◇◇◇◇◇◇◇◇◇ 2g
温水 ◇◇◇◇◇◇◇◇◇ 150g

制作方法

1 用40℃左右的温水冲开酵母。

2 用筷子迅速将面粉、盐和酵母水搅成絮状，再用手揉成光滑的面团。

3 盖上保鲜膜，醒面40分钟。

扣扣说

白吉馍是半发面，不用发酵到两倍大。

4 将面团揉至表面光滑，分成均等的小份，每份70～80g。1

5 将每个小面团搓成两头细、中间粗的长条状。2

6 用擀面棍将长条擀扁，顺势卷成柱形。3 4

7 将卷好的面团，用手掌按扁。5

8 用擀面棍将按扁的面团擀成圆饼，尽量擀圆；大概7mm厚，不能太薄。6

9 盖上保鲜膜，静置20分钟。

10 平底锅不放油，小火，放入面饼，将两面烙至变色。

11 将烙好的面饼放入预热好的烤箱，以180℃烤5分钟。

扣扣说

饭店制作的白吉馍都是烙好后再烤一下，为的是让馍外酥里软。

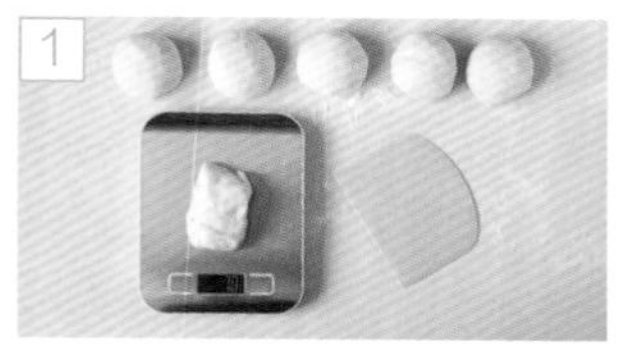

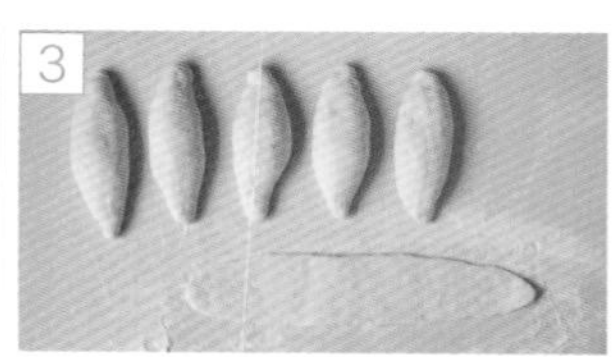

腊汁肉

需要材料

五花肉
葱段
姜片
桂皮
香叶
八角
冰糖
生抽
老抽
料酒
黄酒
盐

扣扣说

切五花肉的时候，最好是肥瘦相间，浇一些汤汁进去让肉吸收汤汁，通常是一边切一边浇汁。

制作方法

1 五花肉洗净、切大块。

2 五花肉冷水下锅，加料酒、姜片，煮开，去浮沫。

3 捞出五花肉，用温水洗净，擦干表面水分。

4 烧一壶开水。

5 热锅放油，加入冰糖。待冰糖熔化、冒泡、呈焦糖色时，加入五花肉翻炒，炒至肉表面上色、发黄。

6 放入葱段和姜片，加入适量盐，倒入黄酒、生抽、老抽，翻炒均匀。

7 将炒锅中的食材倒入高压锅中，并加入桂皮、香叶、八角，倒入烧好的开水。大火烧开，转小火炖30分钟即可。

8 五花肉先不捞出，继续浸泡在汤中，直至入味。

卤蛋

需要材料

鸡蛋

制作方法

1 煮几个鸡蛋。

2 煮熟的鸡蛋过凉水、去皮。

3 泡在腊汁肉的汤汁中，浸泡过夜。

扣扣说

白吉馍夹腊汁肉，可以按个人喜好夹一些菜类。我喜欢夹青椒和香菜，再放一些辣椒油。

红薯棒碴粥

需要材料

细玉米面
红薯
水

制作方法

1 红薯洗净、去皮、切滚刀块。

2 细玉米面用冷水冲开，和红薯块一起煮 20 分钟。

扣扣说

细玉米面很容易煳底，煮粥过程中要不停搅拌。

10

羊肉回头

配 烧豆腐、玉米鸡蛋汤

“回头”这个词很少人会知道，最早是沈阳小吃，后来传到北京、天津。小时候我妈妈做过，一般都是用清真的牛肉馅和羊肉馅，其实制作方法类似于馅饼，因为最后要浇点油上去，喷香扑鼻，会让过往的行人回头，故而得名“回头”。

我在录制《二更更天津》的视频时做过这道菜，做完后给几个工作人员品尝，都赞不绝口。有一次我妈妈来家里吃到后也说好吃，便带一块回家给爸爸也尝尝。我现在做饭经常会多做一些，给爸爸妈妈带去，让他们尝尝，老两口在家经常是对付一口，我就是想给他们多做点好吃的，父母给我做了二十几年饭，现在是回报他们的时候了。

羊肉回头

需要材料

羊肉馅
洋葱
葱
生抽
蚝油
盐
黑胡椒粉
中筋面粉
鸡蛋 ◇◇◇◇◇◇◇◇ 1个

准备工作

制作馅

1 洋葱切细末；葱切末。

扣扣说

洋葱切末时容易辣眼睛流泪，教大家三个小方法：第一个方法是先把洋葱放冰箱冷冻30分钟再切；第二个方法是刀先沾满水再切洋葱；第三个方法是用专门的料理机切碎洋葱。

2 羊肉馅加生抽、蚝油、盐、黑胡椒粉、少许水，搅打上劲。

3 加入洋葱末和葱末，搅拌均匀。

揉面团

4 将面粉、鸡蛋、水搅拌均匀，揉成光滑的面团。

扣扣说

加鸡蛋是为了让回头的表皮更酥脆。

5 盖上湿布，醒面30分钟。

6 将醒好的面团分成大小相同的小面团，按扁。1

7 将小面团擀成椭圆形的面片，不要擀得太薄。2

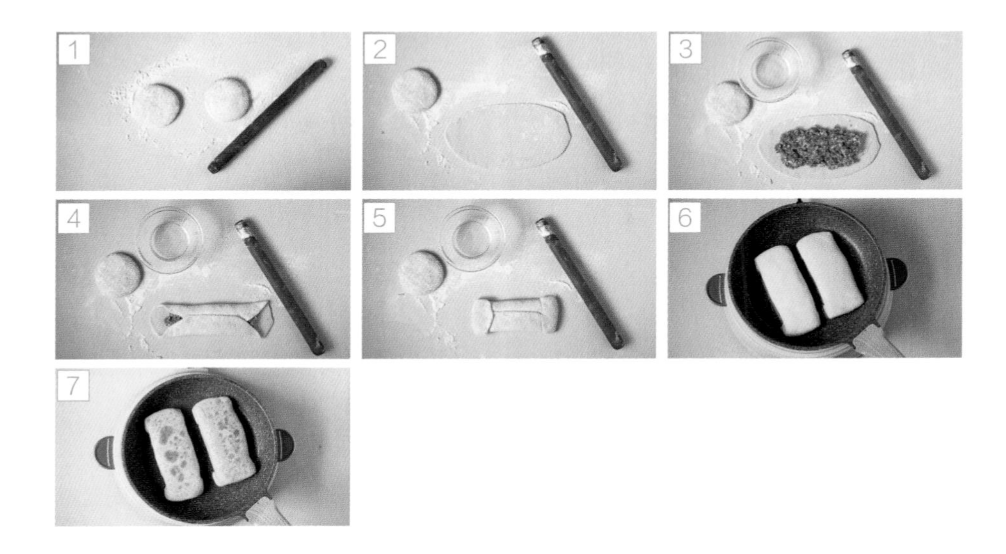

组合

8 在面片的中间放上馅料，四边留空不要放。留空的地方刷一层水或者蛋液。3

9 先将面片上下两边对折包住馅料。4

10 再左右两边对折按紧。5

11 回头就包好了，是一个长方形，长宽比例大概为1:3。包好的回头冷藏保存。

制作方法

1 平底锅放油烧热，将回头摆入锅内。6

2 两面反复煎烙，待回头变色，再浇上一点油烙一会儿，表皮金黄酥脆就可以了。7

烧豆腐

需要材料

北豆腐 ◇◇◇◇◇ 1 盒
红烧酱油
熟水
盐

制作方法

1 北豆腐切成小正方块。

2 准备红烧汁：红烧酱油与熟水调成汁，比例大概为 1:5，并加一点盐。

3 平底锅放少许油，豆腐在锅里煎至上色起皮。

4 倒入调好的红烧汁，盖上锅盖烧一会儿。

5 开锅盖，收汁即可。

玉米鸡蛋汤

需要材料

细玉米面
玉米粒
鸡蛋
葱末
盐
水

制作方法

1 细玉米面、玉米粒、水放在锅里，煮开。

扣扣说

这个是汤，不是粥。因此，水要多一些，细玉米面少一些，不要像煮玉米粥那样浓稠。

2 鸡蛋打散，慢慢加入。

3 加入葱末。

4 加盐调味，关火。

内心丰盈便可致茂

11

卷饼
㊎日式炸鸡、红豆银耳露

“舌尖”剧组来的时候，我做了卷饼和炸鸡，这也算是我的拿手早餐之一了，摄影助理也说好吃。对于一个做饭的人来说，最开心的事情就是吃饭的人边吃边称赞。

卷饼是我最拿手的了，烙得圆，饼也软，孩子喜欢吃。这个做法的炸鸡没有裹面包糠，吃到的全是肉，外皮一样酥脆。红豆和银耳，谁会把这两种食材联系到一起呢？但是味道出奇得好,有一次我忘了放冰糖，本以为会被嫌弃，没想到萱萱特意跑来告诉我她很喜欢喝。萱萱会把自己爱吃的东西记下来，方便下次跟我点餐用。

卷饼

需要材料

中筋面粉 250g
开水 180mL
盐 2g
油

准备工作

1 面粉中放盐。

2 开水浇到面粉上，用筷子搅拌成絮状，再用手揉成光滑的面团。

扣扣说

这会儿温度很高先用筷子搅拌，等温度降下来了再用手揉成光滑的面团。揉面团的时间不用太久，3～5分钟就可以了。

3 盖上湿布，醒面30分钟。

4 把醒好的面团分成10份，每份都揉圆，尽量大小相同。

5 面团分别按扁，两个面团为一组中间刷一层油叠起来。

6 5组面团裹上保鲜膜备用。

扣扣说

室温20℃以下可以常温放置。放冰箱里的话，第二天早晨面团会有点硬，需要起床后先从冰箱里拿出来回温。裹面团的保鲜膜上也要涂一层薄油，防止面团粘连。

制作方法

1 将两个为一组的面团擀圆，先从中间压，再往边缘擀开，尽量一样薄厚。

扣扣说

我每次会擀成18～20cm直径的圆，我用的擀面垫都有刻度，边缘处按垫子上的刻度用手整形一下。

2 平底锅烧热，中小火，放入饼坯，开始烙饼。

扣扣说

这时候可以继续擀第二组面饼。

3 把锅里的饼翻面，两面各烙1～2分钟就好了。

扣扣说

因为是烫面的，所以熟得很快。

4 烙好的饼放在盘子中，用湿布盖上，保持湿度和温度不流失。

日式炸鸡

需要材料

鸡腿 ◇◇◇◇◇◇◇ 2个
姜末
蒜末
酱油
料酒
盐
糖
鸡蛋
中筋面粉
生菜
番茄沙司

准备工作

1 鸡腿去骨，肉切块。

扣扣说

肉块的大小要把握好。别切得太大，不好卷起来；也别切得太小，否则吃起来不够爽。

2 肉块中加入姜末、蒜末、一勺酱油、半勺水、一勺料酒、盐、糖，搅拌均匀。

扣扣说

姜末和蒜末尽量切细碎，也可以直接用姜粉和蒜粉。按比例和自己的口味调整调料，糖少放。加水，是为了让鸡肉块在腌制过程中充分吸收水分，这样炸出来才会鲜嫩多汁。

3 装入保鲜盒内冷藏隔夜入味。

扣扣说

我一般是隔夜冷藏腌制；如果是白天做，腌制30分钟也可以。

制作方法

1 鸡蛋打散，将蛋液裹住鸡肉块。

2 保鲜袋中放三大勺面粉，把裹着蛋液的鸡肉块放进去（多余的液体不要），用手捏保鲜袋晃动，使鸡肉块都沾上面粉。

扣扣说

放保鲜袋操作是为了少刷一个碗，也是为了使鸡肉块能更均匀地沾上面粉。

3 锅中放适量油，掌握好油温，一般油炸的油温控制在180℃左右。判断方法是把筷子放进油锅里，筷子头往上面冒小泡就是温度可以了。

4 保持中火，放入鸡肉块，先炸一遍，待外皮变脆后捞出。

5 油温继续升高，再把刚刚炸过的鸡肉块放入油锅中复炸一次，使外皮变得金黄。

6 捞出鸡肉块，放在沥网上控油，再放到吸油纸上吸油。

7 把烙好的饼从中间撕开，成两张薄饼。

扣扣说

因为饼中间刷油了，很好撕开。

8 饼上抹番茄沙司，放入生菜，夹上炸好的鸡肉块。

红豆银耳露

需要材料

红豆 30g
银耳 半朵
水 适量
冰糖 适量

准备工作

1 红豆泡4小时。

2 银耳泡发。

扣扣说

红豆不泡也可以，但银耳必须泡发。

制作方法

1 泡好的银耳去蒂，撕碎。

2 把红豆和银耳放入破壁机，加水至杯体1000mL刻度线。

3 选择“养生糊”模式。1 2

4 工作程序结束后会有“嘀嘀”提示声。3

5 打开盖子上的防溢盖，加入冰糖。4 5

6 选择“点动”按钮，两次点动，一次5秒即可。6

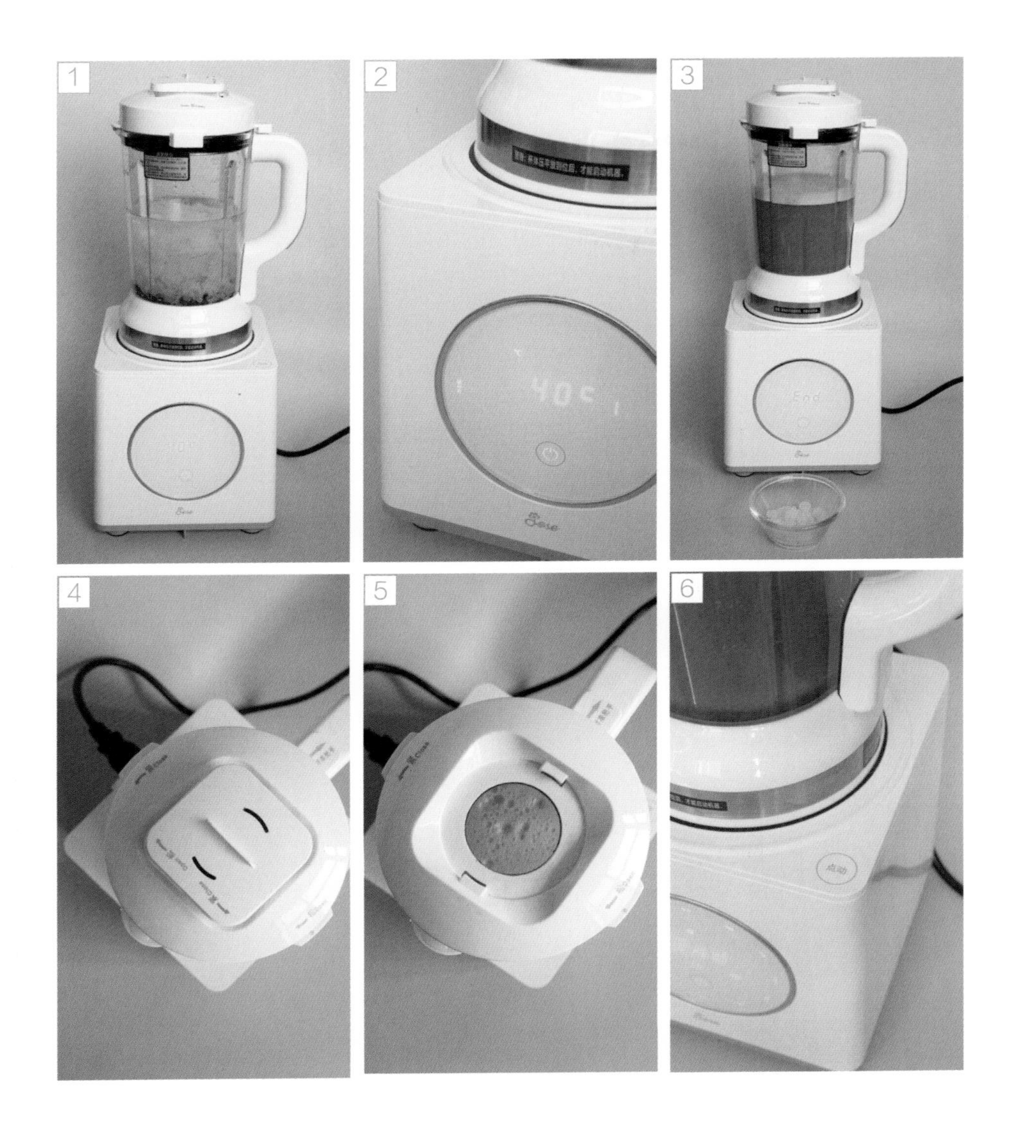
1
2
40℃
3
End
4
5
6
启动

12

鸡蛋灌饼

㊎酒酿红豆小圆子

鸡蛋灌饼也是挺神奇的，烙饼的时候会出一个小鼓包，把蛋液灌进去，灌不进去也没有关系，哪怕蛋液都流在外面了也不要紧。就是要注意灌饼的时候别被热气烫到，千万别伤到自己。其实我总是被烫到，常年在厨房，难免会受伤，每次受伤我的小棉袄都会着急地跑过来给我吹吹、给我上药。“妈妈，你没事吧？”“妈妈没事。”然后日常暖心地抱抱亲亲她的小脸。我不知道女儿对我有多依赖，每天上学前都要亲亲我，并说一句“妈妈我爱你”；每天晚上睡觉前都要亲亲我，并说一句“妈妈晚安”。我喜欢看着闺女睡觉时可爱的小脸蛋，心里想“终于可以安静会儿了”，哈哈，睡着的孩子最可爱。

鸡蛋灌饼

需要材料

可做 5 个

中筋面粉 ◇◇◇ 300g

开水 ◇◇◇◇◇ 180mL

鸡蛋 ◇◇◇◇◇◇◇◇ 4 个

甜面酱

生菜

培根

盐

葱末

油酥：

葱油 ◇◇◇◇◇◇◇ 20 g

低筋面粉 ◇◇◇ 20 g

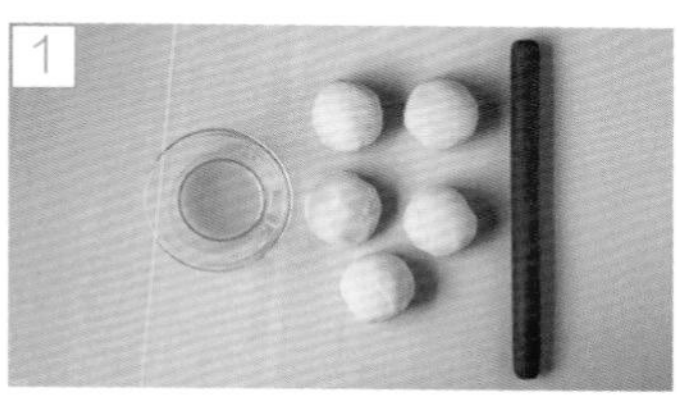

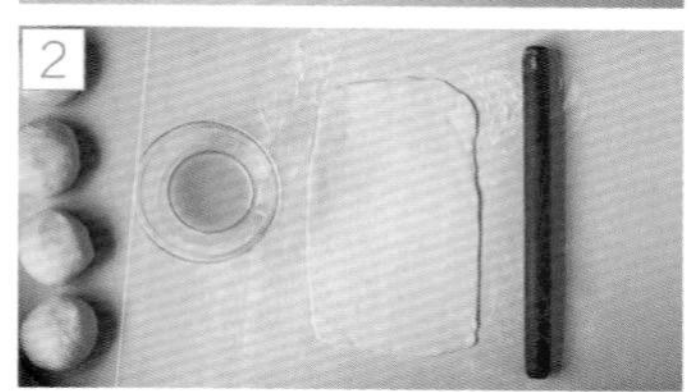

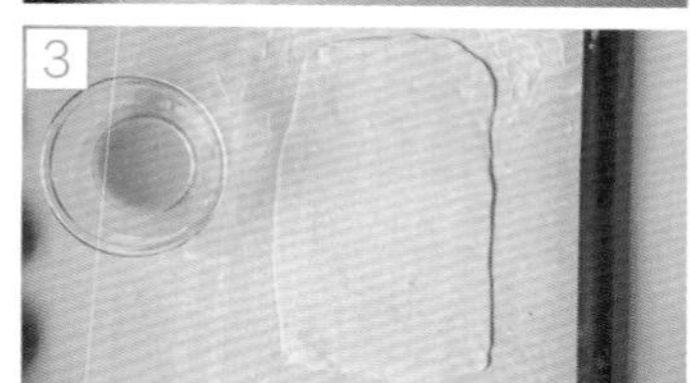

准备工作

揉面团

1 180mL 开水浇到 300g 中筋面粉上，尽量把面粉都浇到，用筷子搅拌。此时的面团偏软。

扣扣说

用开水烫面，这样烙出来的饼才软。

2 等面团的温度降下来后，用手揉成光滑的面团，即面净、手净、盆净。

3 盖上保鲜膜，醒面 30 分钟。

扣扣说

醒面时间越长，越好擀开擀薄。我一般都是醒面 1 小时。

制作油酥

4 低筋面粉与葱油以 1:1 的比例调和。

扣扣说

调好的状态是有稠度的液态。太干的话，一会儿没办法刷在饼上。

组合

5 把醒好的面团平均分成 5 份，每份都揉圆，尽量大小相同。1

6 面团分别按扁，然后擀成长方形的面片。2

7 把刚才做好的油酥均匀地刷在上面，叠成三层，最后把两边收口，油酥都要包裹进去。3—6

8 依次做好5个饼坯，盖上保鲜膜，放冰箱冷藏隔夜。

扣扣说

我是为了早上节约时间，其实早上时间充裕的话，再醒一会儿就可以做了。

制作方法

1 先把饼坯从冰箱里拿出来回温。

2 鸡蛋加少许盐、葱末，用手动打蛋器打匀。

3 案板上涂少许油防粘，把饼坯擀成圆形。

扣扣说

别擀得太薄了。第一次做饼，做得小一点儿也没关系，不太圆也没关系。

4 平底锅烧热，擦点油。

扣扣说

也可以用电饼铛。我擦油是用两张厨房纸。

5 锅烧得热热的，把饼放上去，表面再刷一层薄油，这样是为了使饼表面酥脆。过一会儿翻面，饼就会鼓出一个大包，用筷子把大包挑开一个洞，把蛋液灌进去，然后再翻面。

6 做饼的同时，可以用同一口锅煎培根。

7 鸡蛋灌饼上刷甜面酱，放生菜、培根，卷起来吃吧。

扣扣说

饼太热的时候先别马上卷，要不然生菜该不好吃了。

酒酿红豆小圆子

需要材料

醪糟
红豆沙
糯米小圆子
冰糖
淀粉

制作方法

1 红豆沙加水煮开。

2 糯米小圆子下锅，煮到小圆子全部漂浮起来。

3 加入水淀粉勾芡，至汤浓稠。

4 加入冰糖，搅拌均匀。

5 关火，盛入两勺醪糟拌匀即可。

13

胡萝卜丝鸡蛋饼
㊕藕饼、南瓜汤

《舌尖上的中国 3》第一天来拍摄的时候真是手忙脚乱，看着他们搬来的拍摄机器我都有些不敢相信，我始终不认为我有什么过人之处，就是一个会做早餐的平凡妈妈。我问导演：“真拍啊？”导演回答：“当然是真拍了。”能想象到我当时的表情吗？一脸蒙圈。感觉天上掉下块大馅饼，还是我爱吃的馅……

第一天拍摄的时候，我是真不知道做什么好，就是真实的纪录片，记录我的日常生活，没有刻意，没有做作，家里有什么食材就用什么，于是就做了这道胡萝卜丝鸡蛋饼和藕饼。挺简单的食材，味道还是很好的，女儿萱萱一起参与制作鸡蛋饼压花的工作，压出爱心形的饼。

胡萝卜丝鸡蛋饼

需要材料

胡萝卜
中筋面粉
鸡蛋
盐
水

制作方法

1 胡萝卜洗净、去皮、擦细丝。

2 鸡蛋打散。蛋液加盐、面粉、适量水，搅拌成无颗粒的面糊。

3 在面糊中加入胡萝卜丝，拌匀。

4 平底锅中倒入少许油，温热时倒入面糊，转动平底锅，让面糊均匀铺满锅底呈圆形。表面凝固后迅速翻面，待两面都熟透，出锅。

藕饼

需要材料

猪肉馅 ◇ 二肥八瘦
藕
姜末
葱末
盐
黑胡椒粉
生抽
蛋白
玉米淀粉

准备工作

1 猪肉馅中加姜末、葱末、盐、黑胡椒粉、生抽，将猪肉馅搅拌上劲。再加入蛋白继续搅打。最后加入适量玉米淀粉。

扣扣说

玉米淀粉起黏合作用，是为了让猪肉馅和藕丝结合在一起。别放太多，放多了口感不好。

2 藕洗净、去皮、擦细丝，和调好的猪肉馅放在一起，盖上保鲜膜，放入冰箱冷藏备用。

制作方法

1 提前将做好的藕饼馅拿出来回温。

2 把藕饼馅分成大小差不多的圆备用。

3 平底锅中倒入少许油，温热时放入分好的藕饼馅，要一个一个放，间距大一些。

4 手上沾点水防粘，把藕饼馅按扁，尽量按圆一些，双面烙熟即可。

扣扣说

翻面的时候要注意，等下层定型了，再用薄一点的铲子翻面。

南瓜汤

需要材料

南瓜 ◇◇◇◇◇◇ 300g
水 ◇◇◇◇◇◇◇◇◇ 适量
枸杞 ◇◇◇◇◇◇ 适量
冰糖 ◇◇◇◇◇◇ 适量

准备工作

1 南瓜洗净、去皮、切块。

2 枸杞洗净、略泡。

制作方法

1 切好的南瓜块放入破壁机，加水至杯体 1000mL 刻度线。

2 选择“养生糊”模式。1

3 工作程序结束后会有“嘀嘀”提示声。2

4 打开盖子上的防溢盖，加入冰糖。3 4

扣扣说

如果想喝浓稠一些的，可以加入一些水淀粉勾芡，即成南瓜浓汤了。

5 选择“点动”按钮，两次点动，一次5秒即可。5

6 倒入碗中，加入泡好的枸杞。6

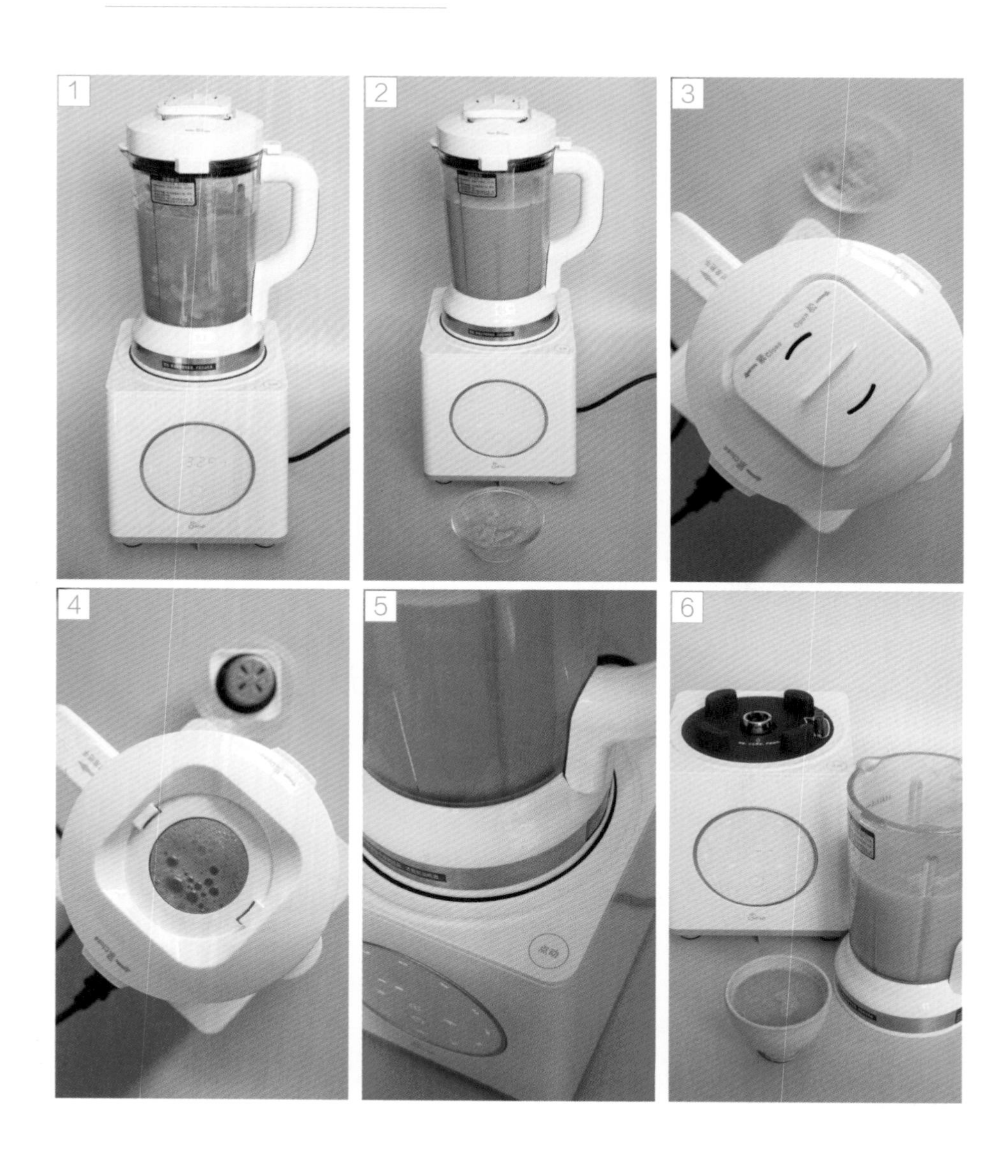

14

葱油饼

㊎虾酱鸡蛋、青菜鱼丸汤

好吃的葱油饼要用猪油，但是也许有很多人不喜欢猪油的那种味道。其实猪油的用处有很多，我们吃的中式起酥类糕点基本用的都是猪油，熬粥放一点猪油也很香。有一次我去一个南方朋友家里吃饭，朋友给我煮了一碗馄饨，汤头好喝，还配了调料，那个调料真的好香啊，朋友告诉我是用酱油、一点点醋、虾皮、猪油、水调制而成，而且馄饨的汤底也加了一点猪油，没想到居然能做出这么棒的味道。

葱油饼

需要材料

中筋面粉 ◇◇◇ 300g
水 ◇◇◇◇◇◇◇ 180mL
盐 ◇◇◇◇◇◇◇◇◇◇◇◇ 2g
猪油
葱末
椒盐

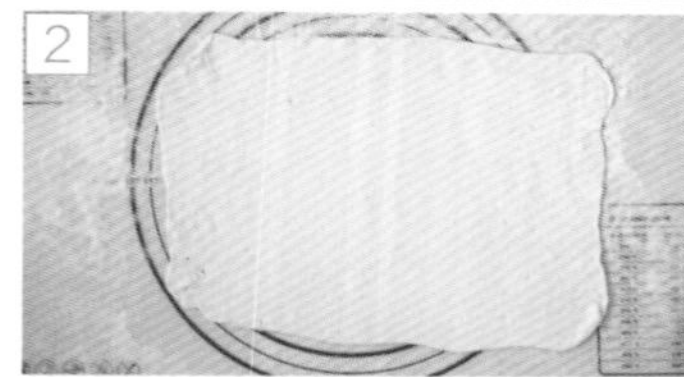

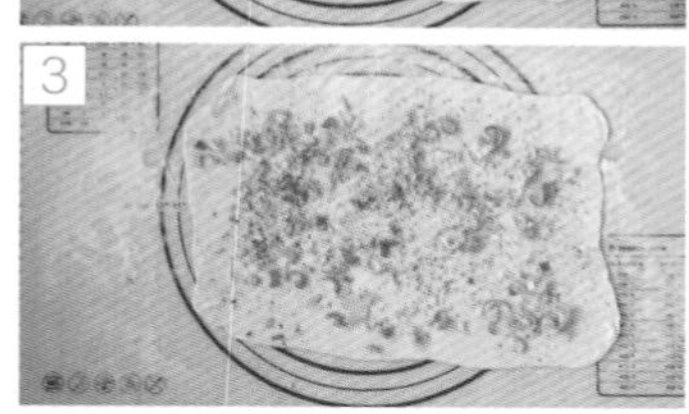

准备工作

揉面团

1 将面粉、盐、水混合均匀，用筷子搅拌成絮状，再用手揉成光滑的面团。

2 将面团分成均等的 3 份，盖上保鲜膜，醒面。

扣扣说

保鲜膜上也要擦一点油，防止粘连。

3 面团静置 2 ~ 3 小时，或者时间更长一些。

扣扣说

面团醒得越好，越方便延展，擀得更薄，饼的层次口感也会更好。

做葱油

4 热锅放猪油，下葱末，炸出香味。

扣扣说

一少半葱末做葱油，一多半葱末用来撒在饼上面。

5 捞出葱不要了，只留炸好的油。

扣扣说

葱油密封存放。

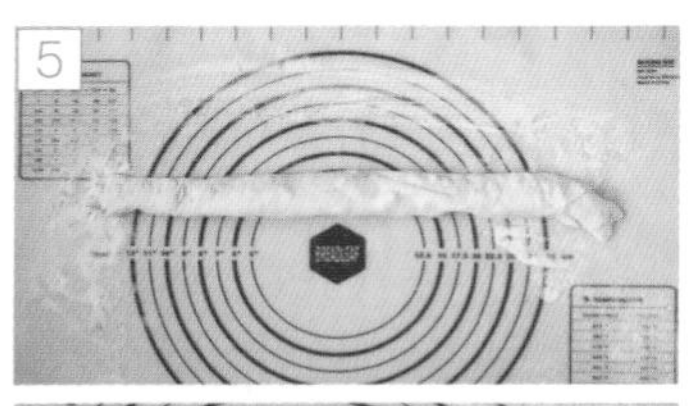

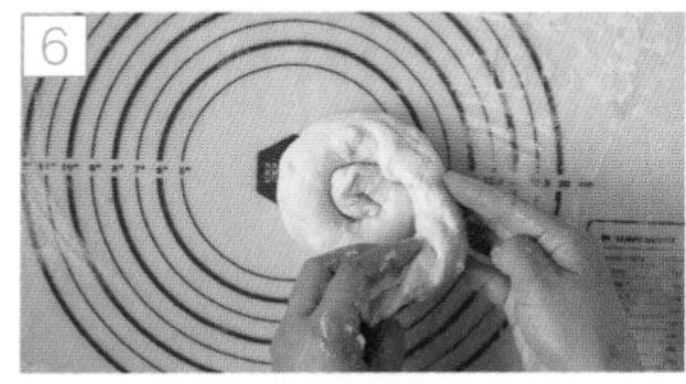

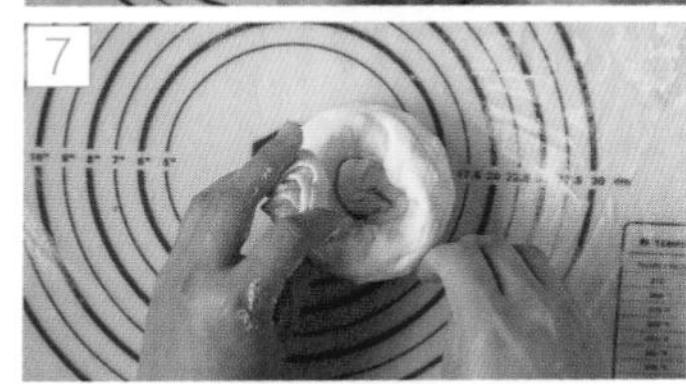

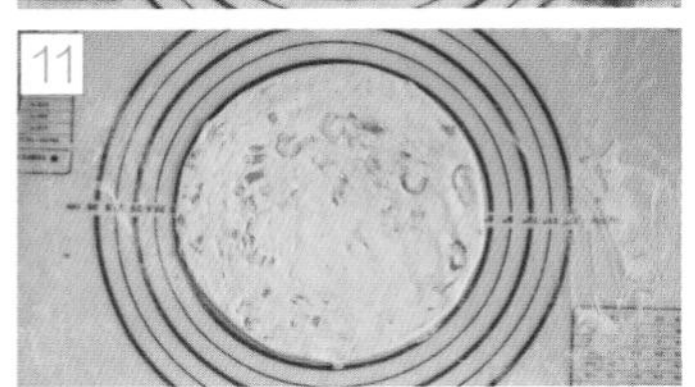

制作方法

1 揉面垫上抹一层薄油，防粘。

2 取出面团，再次排气，揉圆。1

3 把面团擀成一个大长片，尽量擀大、擀薄。2

4 刷一层葱油，再撒满椒盐和葱末。3

5 顺着一端卷起，不用卷得太整齐，卷成一个大长条。4 5

6 拿起一端向上卷，卷两层，上面那层盘在下层上面。 6—8

7 把饼坯分别卷好，再松弛一下。

8 再擀成直径 18 ~ 20cm 的圆。按照揉面垫上的刻度擀，边缘不好擀就用手按好。9—11

扣扣说

擀好的饼可以用油纸隔开装入保鲜袋内，放进冰箱冷冻保存，随吃随拿。

9 平底锅不用放油，中火烙饼，烙到两面金黄就可以了。一张饼需要烙 3 ~ 4 分钟。

虾酱鸡蛋

需要材料

鸡蛋
虾酱
葱末

制作方法

1 鸡蛋打散，加入虾酱、葱末，搅拌均匀。

2 热锅热油，炒蛋液，出锅。

青菜鱼丸汤

需要材料

小油菜
潮汕手打鱼丸
盐
香油

制作方法

1 小油菜洗净、切碎。

2 汤锅加水和鱼丸一起煮沸。

3 鱼丸浮起来后，加入小油菜碎，加盐调味。

4 关火，点一点儿香油，即可。

15

小烧饼

㊞配 蓑衣黄瓜、五谷燕麦粥

小烧饼，就是葱油饼的原型，我把它烙成小烧饼的样子。食物是死的，人是活的，灵活变通嘛。《舌尖上的中国 3》也介绍了蓑衣黄瓜，人家大厨可以同时切 3 根黄瓜，我们无须羡慕，把最家常的做好了，就是家里的大厨。谁都不是天生就会做饭，我做蓑衣黄瓜也是做了好几次才能切好，没有什么难的，多做做，切出一条漂亮的黄瓜后，你就觉得自己特别了不起，老厉害了。

小烧饼

需要材料

中筋面粉 ◇◇◇ 200g
盐 ◇◇◇◇◇◇◇◇◇◇◇◇ 3g
温水 ◇◇◇◇◇◇◇ 120g
葱末
椒盐

准备工作

1 用筷子将面粉、盐、温水搅成絮状，再用手揉成光滑的面团。

2 盖上湿布，醒面 30 分钟；或者用保鲜膜包好，常温过夜。

制作方法

1 面团分成均等的小份，每个小面团 70 ~ 80g。1

2 将小面团擀成大长片，撒上葱末和椒盐。2 3

3 卷成长条，螺旋叠起来再压扁，擀成圆形的烧饼状。4—8

扣扣说

这也算是一种比较厚的葱油饼，擀得厚一些就是小烧饼了。这种饼不适合从中间切开夹东西吃，它是分层的，可以一层层地用手撕着吃。

4 加热电饼铛，饼坯放进去，两面刷薄油，烙到两面金黄即可。

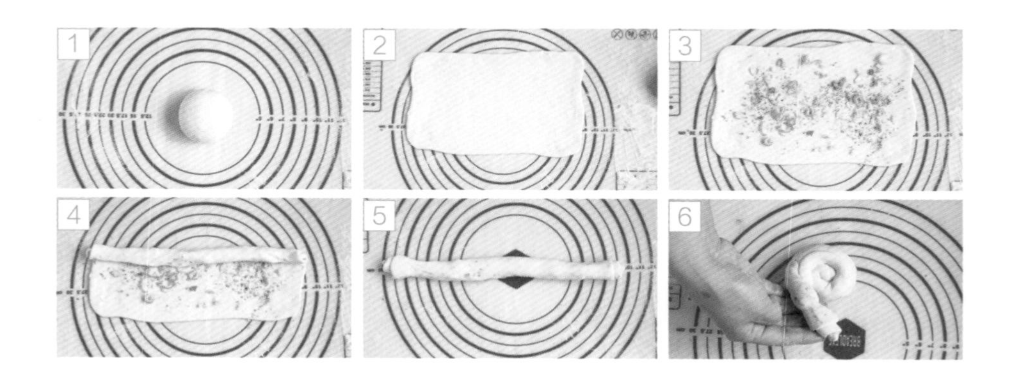

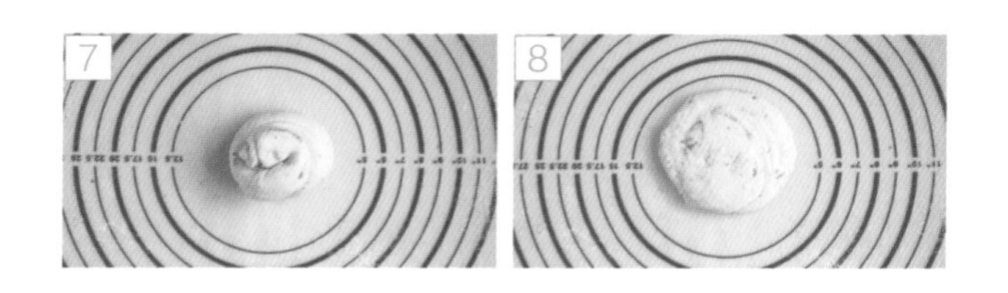

蓑衣黄瓜

需要材料

黄瓜
蒜末
花椒
盐
糖
醋
生抽
香油

蓑衣黄瓜的切法

准备工作

1 黄瓜洗净，切掉头尾。1

扣扣说

黄瓜要选很长、很直、粗细差不多的那种，这样做出来会好看。

2 拿两根筷子，垫在黄瓜两边，固定住黄瓜。2

3 垂直地下刀切黄瓜，刀跟黄瓜呈90° 直角，每一刀切到筷子就可以停了，每一刀的距离尽量一致，每一片尽量切得薄一点。3

4 切完一面，把黄瓜翻面，依然把筷子放在同样的位置固定黄瓜。

5 这次切的时候，刀和黄瓜的方向是斜着的，呈135° ，也是每一刀切到筷子就可以停了。4

6 两面都切完，可以慢慢地坚着拉起黄瓜，能看到漂亮的蓑衣黄瓜了。5

7 切好的黄瓜撒盐，腌30分钟，逼出水分。

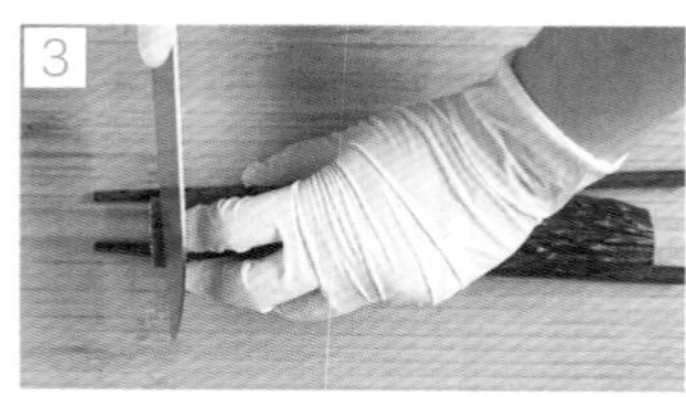

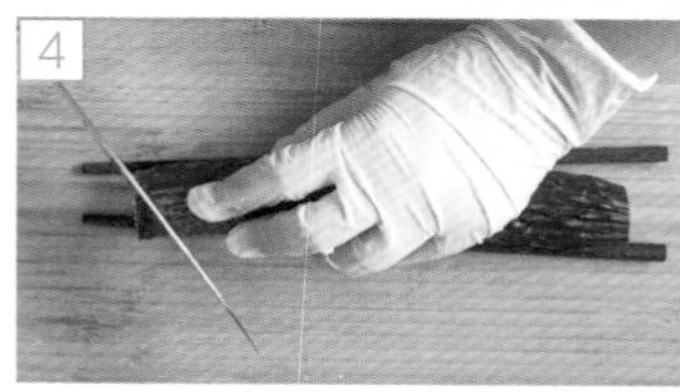

制作方法

1 调酱料：醋、生抽、糖、香油，拌匀。

2 把黄瓜出的水倒掉，倒进调好的酱料，在表面放蒜末和花椒。

3 热油。把烧好的热油浇到蒜末和花椒上。

扣扣说

喜欢吃辣的朋友可以再加一点辣椒油，或者把小米辣和蒜末放一起用热油浇一下。

4 黄瓜浸泡一夜冷藏入味。

五谷燕麦粥

需要材料

黑豆
绿豆
红豆
小米
黑米
糙米
紫米
燕麦
水

制作方法

1 将黑豆、绿豆、红豆、小米、黑米、糙米、紫米、燕麦均洗净并浸泡 30 分钟。

2 捞出所有食材，并倒入新水，放入电炖锅预约 8 小时。

16

酱香饼

配 花生酱藜麦油麦菜、小米燕麦粥

酱香饼，用的是和酱香小面一样的肉馅，自己做的料足，肉多，刚烤出来的饼香气诱人。三色藜麦是全营养碱性食物，高蛋白，提高免疫力，调节内分泌。我给妈妈买了三色藜麦，刚开始她不知道怎么吃，问我泡开以后怎么都发芽啦。对于这些新鲜食材，需要我们引导老年人食用。现在的生活品质提高了，已经不再是原来冬天只有白菜和土豆的年代了，越来越多的食材供我们选择，但也要选适合家人的健康食材！

酱香饼

需要材料

猪肉馅 ◇ 二肥八瘦
洋葱 ◇◇◇◇◇◇◇ 半个
花椒
八角
桂皮
香叶
葱末
姜末
蒜末
豆瓣酱
蚝油
生抽
料酒
五香粉
孜然粉
盐
熟白芝麻
中筋面粉
酵母

准备工作

揉面团

1 用40℃左右的温水冲开酵母。

2 用筷子迅速将面粉、酵母水搅成絮状，再用手揉成光滑的面团。

3 盖上保鲜膜，发酵40分钟。

扣扣说

面团是半发面，不用发酵到两倍大。

4 将发酵好的面团放入冰箱冷藏保存。

炸红油酱

5 洋葱切丝。

6 炒锅中倒油，下洋葱丝、花椒、八角、桂皮、香叶一起炸，炸到洋葱干了、变成深褐色就可以了。这一步一定要盯住了，千万别炸煳。最后把所有的香料都挑出不要，只留下炸好的油。

扣扣说

炸好的油特别香，是我们家的万用油，拌面可以放点儿，炒菜也可以放点儿。用小罐子密封保存即可。

7 锅内留少许底油，放入豆瓣酱炒出红油。

扣扣说

因为孩子会一起吃，不能太辣了，所以我放的豆瓣酱比较少，爱吃辣的朋友可以多放一些。

8 炸好的红油酱稍微冷却一下。

拌肉馅

9 猪肉馅中放葱末、姜末、蒜末、蚝油、生抽、料酒、五香粉、孜然粉、盐，再加入熟白芝麻和红油酱搅拌均匀，备用。

制作方法

1 面团从冰箱取出，回温。

2 把面团擀成一个大的长方形，或是小圆饼都可以。厚度大约为0.5cm，（不能太厚了）。

3 烤箱预热200℃。

4 饼坯放在铺了油纸的烤盘上，跟做比萨的方法一样，用叉子在饼坯上扎眼，防止烤的时候起鼓包。

5 表面刷一层清水，把肉馅薄薄地平铺一层。

6 再撒一层葱末和熟白芝麻。

7 烤箱200℃，中层，烤12分钟。

花生酱藜麦油麦菜

需要材料

三色藜麦
油麦菜
培煎芝麻酱

制作方法

1 藜麦浸泡4小时，再隔水蒸20分钟。

2 油麦菜洗净、切段。

3 撒上一层煮好的藜麦，再浇上培煎芝麻酱。

小米燕麦粥

需要材料

小米
燕麦片
水

制作方法

小米、燕麦片、适量水，一起放入电炖锅，预约 4 小时。

17

麻酱糖饼

配 手打虾滑青菜汤

从小我就爱吃麻酱糖饼，芝麻白糖酱直接蘸馒头都喜欢。麻酱糖饼做好吃了不容易，饼不能硬，麻酱不能煳。自己手打的虾滑没有潮州鱼丸那么爽口弹牙，但是煮的汤也是很鲜美的。做鱼丸关键在于要搅打上劲，越上劲，鱼丸越有弹性。为了令鱼丸更易成团定型，鱼丸内要放少量淀粉。若鱼丸下锅后没能成丸，说明水分太多，不过也不要紧，可以把鱼丸泥放在裱花袋里，做鱼滑下火锅也不错。

做饭这件小事，其实就是一种兴趣培养，不要因为一次没做好就轻易地放弃，每一次的进步都能看到自己的努力，自己做的怎么都好吃，相信自己！

麻酱糖饼

需要材料

中筋面粉 ◇◇◇ 300g
水 ◇◇◇◇◇◇◇ 180mL
盐 ◇◇◇◇◇◇◇◇◇◇◇◇◇ 1g
细砂糖
芝麻酱

准备工作

揉面团

1 将面粉、盐、水混合均匀，用筷子搅拌成絮状，再用手揉成光滑的面团。

2 将面团分成均等的 3 份，盖上保鲜膜，静置 2~3 小时。

扣扣说

保鲜膜上也要擦一点油，防止粘连。

做芝麻白糖酱

3 芝麻酱如果是稀的、可流动的，就直接加上细砂糖搅拌均匀；如果芝麻酱很浓稠，就要加入芝麻香油先调稀，再加入细砂糖。

扣扣说

一定要用细砂糖，不要用绵白糖，细砂糖有颗粒感，口感更好。

制作方法

1 揉面垫上抹一层薄油，防粘。

2 取出面团，再次排气，揉圆。

3 把面团擀成一个大长片，尽量擀大、擀薄。

4 刷一层芝麻白糖酱，再撒一些细砂糖。

5 顺着一端卷起，不用卷得太整齐，卷成一个大长条，两端收口。

6 拿起一端开始卷，卷两层，上面那层盘在下层上面。

7 把饼坯分别卷好，再松弛一下。

扣扣说

表面尽量不要露出芝麻白糖酱，烙饼的时候很容易糊。

8 再擀成直径 18 ~ 20cm 的圆。按照揉面垫上的刻度擀，边缘不好擀就用手按好。

9 平底锅不用放油，中火烙饼，烙到两面金黄就可以了。一张饼需要烙 2 ~ 3 分钟。

扣扣说

面团的做法与葱油饼类似，可参照 74 页。

手打虾滑青菜汤

需要材料

虾
蛋白
料酒
白胡椒粉
淀粉
中筋面粉
盐
蒜泥
葱末
小油菜

准备工作

1 虾去皮、去虾线，用厨房纸擦干水分，剁碎。

2 虾泥中加入蛋白、料酒、白胡椒粉、葱末、蒜泥一起搅打上劲。

3 最后加入少量的淀粉和面粉，两者的比例为1:1。

4 汤锅烧热水。

5 准备一小碗水，用虎口处挤丸子，每挤一个手上都要沾一点水，防止虾肉粘连。

6 虾丸下锅煮，待虾丸浮起来后，捞出，室温放凉，冰箱冷冻保存。

扣扣说

煮虾丸的汤不要倒掉，第二天早上做汤用。

制作方法

1 小油菜洗净、切段。

扣扣说

也可以用冬瓜、海带代替小油菜。

2 将煮虾丸的汤烧开，下虾丸、小油菜，加盐调味即可。

18

牛肉胡萝卜馅饼
㊎ 拌黄瓜、杂粮粥

我最爱的馅料之一就是牛肉胡萝卜馅，味道比牛肉大葱馅更好，而且自己做的实在，为了让孩子多吃菜，我会放很多胡萝卜进去。杂粮粥，属于粗粮开会型，我们平时吃的食物太精细了，需要这些粗粮帮助健脾开胃，增加膳食纤维。

牛肉胡萝卜馅饼

需要材料

中筋面粉
牛肉馅
胡萝卜
葱末
姜末
黑胡椒粉
五香粉
花椒水
生抽
香油
料酒
盐

准备工作

和面团

和面团
的方法

1 水慢慢地加入面粉和盐中，用 2 根筷子不停地搅拌，一直搅拌到面团中没有干粉。这时的面团并不光滑，不要着急，继续用筷子搅拌（如果 2 根筷子搅不动了，就用 4 根筷子搅拌）。搅拌到用筷子可以提起整个面团，表面光滑即可，不用成圆团。1—3

扣扣说

全程用筷子和面团，不需要用手，因为面很软，会粘手。

2 面团盖上保鲜膜，静置 1 小时以上。醒面时间最好长一些。

扣扣说

如果是第二天早上用，面团盖上保鲜膜放在阴凉处即可，不用放在冰箱里。

制作馅

3 牛肉馅加葱末、姜末、黑胡椒粉、五香粉、花椒水、生抽、香油、料酒、盐，搅拌上劲。

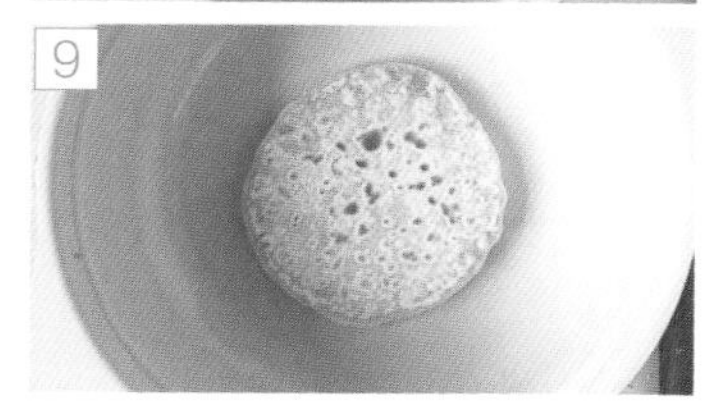

4 胡萝卜洗净，去皮，擦细丝，再切碎。

5 胡萝卜与牛肉馅以1:1的比例搅拌均匀，密封起来，冷藏备用。

制作方法

1 在案板上多撒一些干粉，防粘。

扣扣说

面团较湿较软，虽然会很黏，但只有这样软的面团烙出来的馅饼才能是薄皮大馅。

2 把面团擀开、擀薄，把肉馅放在中间，像捏包子一样的方法捏口。4—6

扣扣说

封口在下方，所以也不用捏得多好看，只要捏紧不漏馅就可以了。捏的时候注意尽量不要进太多的空气。

3 捏好封口，把多余的面疙瘩去掉，稍微按扁。7

4 平底锅烧热，把馅饼放在锅里，用手按扁、按圆馅饼，不用太使劲。此时不用放油。8

5 两面刷薄油，烙到两面金黄即可。9

拌黄瓜

需要材料

黄瓜
盐
糖
醋
生抽
香油
花椒油

制作方法

1 黄瓜洗净、去皮、切块，加盐，静置 30 分钟。

2 把黄瓜出的水倒掉，加入糖、醋、生抽、香油、花椒油，泡一夜即可。

扣扣说

喜欢吃辣的，可以最后撒一些辣椒油。

杂粮粥

需要材料

红豆
绿豆
黑豆
糙米
小米
薏米
玉米碴
燕麦片
水

制作方法

1 将红豆、绿豆、黑豆、糙米、小米、薏米、玉米碴、燕麦片均洗净并略泡一下。

2 捞出所有食材，并倒入新水，放入电炖锅预约 6 小时。

扣扣说

也可以用破壁机制作成杂粮糊。

19

荷叶饼夹孜然肉
㉧黑米核桃浆

《二更更天津》拍摄的时候有拍到荷叶饼，我当时说除了外形，这个跟馒头其实没有什么区别，就是发面的，里面可以夹东西，吃起来会比馒头方便一些，有造型的食物孩子也会更喜欢吃。拍摄的时候导演还在想这梳子是用来干什么的，当我用它压出荷叶饼的纹理时，他们很惊讶，从来没想过梳子还能成为厨房小工具，当然要用全新、干净的梳子了。

荷叶饼夹孜然肉

需要材料

中筋面粉 ◇◇◇ 250g
糖 ◇◇◇◇◇◇◇◇◇◇◇◇ 2g
酵母 ◇◇◇◇◇◇◇◇◇◇ 3g
温水 ◇◇◇◇◇ 150mL
猪里脊
胡萝卜
洋葱
生抽
蚝油
孜然粉
盐
生菜

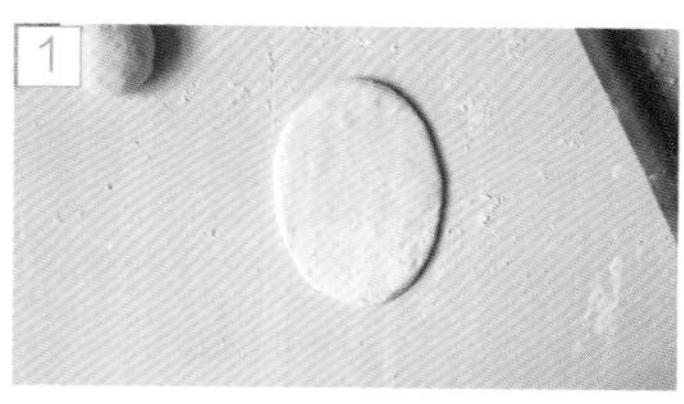

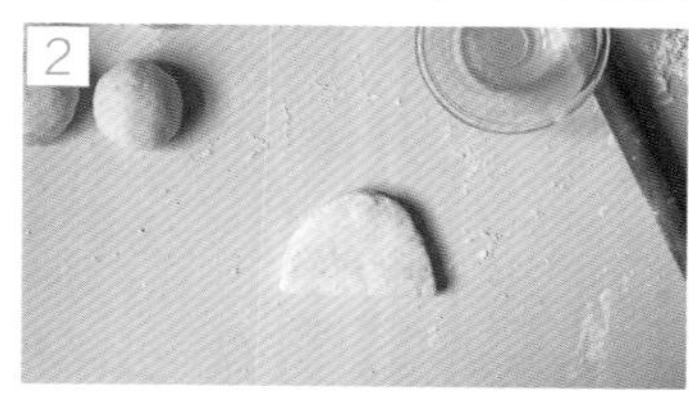

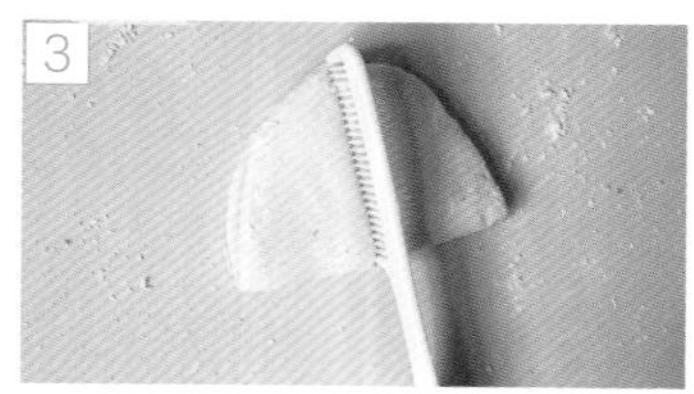

准备工作

做荷叶饼

1 用40℃左右的温水冲开酵母。

2 用筷子将面粉、糖、酵母水搅成絮状，再用手揉成光滑的面团。

3 盖上保鲜膜或湿布，发酵一个半小时左右，发酵到两倍大。

4 再次揉面排气，多揉一会儿。

5 案板上撒干粉，将面团分成均等的6份，每个小面团都要滚圆。

6 盖上保鲜膜，松弛10分钟。

7 取一个面团，按扁，擀成椭圆形，一侧上涂少许油。1

8 从中间对折，用新梳子先在中间压一道印，在左右两边分别再压两道印。2—4

扣扣说

稍用力一些，太浅的话蒸出来的纹理不明显。

9 荷叶的上面，用梳子背整理形状，往里凹进去一些，做成荷叶形状。5

10 荷叶饼依次做好，摆在蒸锅上。冷水上锅，醒发15分钟。

11 水开之后再蒸15分钟。

12 关火，先不开盖，焖5分钟，避免表面遇冷回缩。

处理其他食材

13 猪里脊切片，放入保鲜盒，冷藏保存。

14 胡萝卜洗净、去皮、切小丁，装入保鲜袋，冷藏保存。

15 洋葱洗净、去皮、切小丁，装入保鲜袋，冷藏保存。

制作方法

1 锅内放油，下胡萝卜、洋葱断生，盛出备用。

2 锅内再放油，下肉片，炒熟。

3 重新下胡萝卜、洋葱，加入蚝油、生抽、盐、孜然粉（多些），炒匀，关火。

4 荷叶饼夹一片生菜，再夹入炒好的菜即可。

扣扣说

也可以夹其他喜欢的菜。

黑米核桃浆

需要材料

核桃仁 ◇◇◇◇◇ 20g
黑米 ◇◇◇◇◇◇◇ 20g
大米 ◇◇◇◇◇◇◇ 10g
水 ◇◇◇◇◇◇◇◇◇◇ 适量
冰糖 ◇◇◇◇◇◇◇ 适量

准备工作

1 核桃仁洗净。

2 黑米洗净。

3 大米洗净。

制作方法

1 核桃仁、黑米、大米放入破壁机，加水至杯体 1000mL 刻度线。

2 选择“养生糊”模式。1 2

3 工作程序结束后会有“嘀嘀”提示声。3

4 打开盖子上的防溢盖，加入冰糖 。4 5

5 选择“点动”按钮，两次点动，一次 5 秒即可。6 7

20

炒饼丝

㊎ 葱烧排骨、酸梅汤

我上学那会儿，街边有许多炒面、炒饼的小摊位，现在是看不到了。炒面或炒饼可以做出各种味道，酱油味、番茄味、咖喱味、鱼香味；也可以加各种食材，鸡蛋、火腿、腊肠，我喜欢吃那种多加一些菜的，炒出来的都太好吃了。

每年夏季来临，汤汤水水不能少。天气热的时候，可以多熬些汤水，绿豆汤、红豆薏米水、四物汤、酸梅汤、水果茶等。三伏天多喝水，为家人多花一些心思祛暑解渴，远远比喝饮料要健康得多。

炒饼丝

需要材料

大饼 ◇◇◇◇◇◇◇ 1张
鸡蛋 ◇◇◇◇◇◇◇ 2个
卷心菜 ◇◇◇◇◇ 半个
葱末
蒜末
生抽
盐
熟水

准备工作

1 大饼切细丝；卷心菜切细丝。

2 鸡蛋打散。

3 蒜末加熟水调成蒜汁。

制作方法

1 热锅放油，倒入蛋液。将鸡蛋炒碎，盛出备用。

2 锅内再放油，加入葱末，爆香。

3 放入卷心菜丝，加入生抽翻炒。

4 此时锅内出少量菜汁，加入饼丝、蒜汁、鸡蛋碎翻炒，最后加盐调味即可。

扣扣说

如果饼比较干，可以再加入一些水。

葱烧排骨

需要材料

猪肋排 ◇◇◇◇ 500g
大葱 ◇◇◇◇◇◇◇ 2根
油 ◇◇◇◇◇◇◇◇◇ 10g
细砂糖 ◇◇◇◇◇ 30g
老抽 ◇◇◇◇◇◇◇ 30g
生抽 ◇◇◇◇◇◇◇◇ 30g
黄酒 ◇◇◇◇◇◇◇◇ 20g
盐

制作方法

1 大葱切段。

2 冷水下锅煮开排骨，捞出血水浮沫。

3 捞出排骨，用温水洗净排骨。

4 锅内烧油，加入细砂糖熬至焦糖色。

5 放入排骨，迅速翻炒，加入老抽、生抽、黄酒，翻炒均匀。

6 加入切好的葱段，继续翻炒。

7 加入少量水，盖上锅盖，炖40分钟。

8 加入少许盐，收汁即可。

酸梅汤

需要材料

乌梅
橘皮
玫瑰茄
山楂
甘草
桑葚
薄荷
桂花
黄冰糖

扣扣说

这是老北京的的酸梅汤做法，属代茶饮，含中药成分。

制作方法

1 将乌梅、橘皮、玫瑰茄、山楂、甘草、桑葚、薄荷洗净，浸泡30分钟。

2 将清洗好的食材放入锅中，加入水煮开，再小火煮30分钟。

3 关火，加入黄冰糖，撒上桂花，冷却后饮用。

扣扣说

夏季可冷藏后再饮用，口感更佳。

手的温度让爱发酵

21

黑芝麻馒头

配 时蔬鸡丁、玉米粥

黑芝麻馒头，可以用黑芝麻粒磨成粉，也可以直接用黑芝麻酱和面粉揉制。这款馒头唯一的不同是我用牛奶代替了水，因为孩子不爱喝牛奶，我就用各种方法让她吃，她怎么知道馒头里还会有牛奶呢。玉米粥，我小时候爱喝，一般是配着榨菜或小咸菜喝粥，现在健康理念强了，腌制食品尽量少吃吧。

黑芝麻馒头

需要材料

中筋面粉
酵母
牛奶
黑芝麻酱
糖

准备工作

1 用40℃左右的温牛奶冲开酵母。

2 用筷子迅速将面粉、黑芝麻酱、少许糖、牛奶酵母水搅成絮状，再用手揉成光滑的面团。

扣扣说

发面里加入少许糖，不是为了增加甜度，而是为了提高发酵质量。

3 盖上保鲜膜或湿布，发酵一个半小时左右，发酵到两倍大。

扣扣说

如果是第二天早上再蒸，可以放冰箱冷藏发酵。

制作方法

1 再次揉面排气，多揉一会儿，松弛10分钟。

2 案板上撒干粉，将面团擀成一个大长片，表面刷一层清水。

3 从一侧开始卷起，一定要卷紧，不留空气。

4 最后收口处再用水粘一下，把收口处朝下。

5 用锋利的刀切成一块块的，尽量切得大小一致。

扣扣说

刀一定要锋利，切的速度也要快。

6 把馒头摆在蒸锅上，每个馒头的间隔大些。

7 冷水上锅，继续醒发15分钟。

8 水开之后再蒸15分钟。

9 关火，先不开盖，焖5分钟，避免表面遇冷回缩。

时蔬鸡丁

需要材料

鸡胸肉
胡萝卜
豌豆
玉米粒
葱末
蛋白
盐
糖
生抽
料酒
淀粉

准备工作

1 胡萝卜洗净、去皮、切丁。装入保鲜袋，放进冰箱冷藏保存。

2 鸡胸肉切丁，加盐、生抽、料酒腌制。装入保鲜盒，放进冰箱冷藏保存。

制作方法

1 鸡胸肉加入淀粉、蛋白抓匀。

2 热锅凉油，下葱末炝锅，再加入鸡丁炒熟。

3 下胡萝卜丁、豌豆、玉米粒翻炒。

4 加盐、少许糖，出锅。

玉米粥

需要材料

玉米碴
水

制作方法

将玉米碴、水放入电炖锅，预约 4 小时。

扣扣说

水要多放一些。用勺子搅一下玉米碴和水，使其混合均匀，避免有疙瘩，这样才能熬出细腻的玉米粥。

22

红糖馒头
㊎虾仁瑶柱蒸蛋、蒜蓉鸡毛菜

红糖馒头、红糖小锅盔、糖三角这些有红糖的面食，我和萱萱都爱吃，闺女的口味很随我。记不起我是从什么时候开始懂得养生的，可能是从我妈妈告诉我女孩子不要贪凉时起吧，我现在也很少吃冰冷的食物。有时候我看着萱萱，一个小女孩以后也要经历生产哺育生命的痛，我就愿意多为她分担一些。身体要从小就开始调理，这是一个妈妈应该做的，也是带给孩子最珍贵的财富。金山银山，没有健康的身体，一切都是浮云。我会教给孩子，妈妈不在身边，要保护好自己；遇到挫折要勇敢；懂得明辨是非；还有就是妈妈喜欢听你说“妈妈，我爱你”，很甜很甜，一直这么甜下去……

红糖馒头

需要材料

中筋面粉 ◇◇◇ 240g
红糖 ◇◇◇◇◇◇◇◇ 45g
酵母 ◇◇◇◇◇◇◇◇◇◇ 3g
水 ◇◇◇◇◇◇◇◇ 120mL

制作方法

1 用40℃左右的温水冲开酵母。

2 用筷子迅速将面粉、红糖、酵母水搅成絮状，再用手揉成光滑的面团。

3 盖上保鲜膜或湿布，发酵一个半小时左右，发酵到两倍大。

4 再次揉面排气，多揉一会儿，松弛 10 分钟。

5 案板上撒干粉，将面团擀成一个大长片，表面刷一层清水。

6 从一侧开始卷起，一定要卷紧，不留空气。

7 最后收口处再用水粘一下，把收口处朝下。

8 用锋利的刀切成一块块的，尽量切得大小一致。1

9 然后在每个馒头中间再划一刀。2

10 把馒头摆在蒸锅上，每个馒头的间隔大些。

11 冷水上锅，继续醒发 15 分钟。

12 水开之后再蒸15分钟。

13 关火，先不开盖，焖 5 分钟，避免表面遇冷回缩。

虾仁瑶柱蒸蛋

需要材料

虾仁
瑶柱
姜片
鸡蛋
凉开水
盐
生抽
香油

准备工作

1 泡发瑶柱：瑶柱放入碗中，用清水轻轻冲洗一两遍，加入 2 个姜片和少许清水，盖上盖子，上蒸锅蒸 1 小时。

2 瑶柱晾凉后，用手撕开，撕成一条条的，备用。

制作方法

1 鸡蛋打散，以1:1的比例加入凉开水，再加入少许盐，搅拌均匀。

2 搅拌好的蛋液过筛。过筛后的蛋液直接倒入要用的容器中，如果上面有气泡，就用牙签扎掉气泡。

3 容器要盖上盖子，或者用保鲜膜包好。

4 沸水上锅蒸 15 ~ 20 分钟。

5 蒸好后，去掉保鲜膜，鸡蛋羹的表面加上瑶柱丝和虾仁，再蒸 5 分钟。

6 出锅，倒入少许生抽、香油，喜欢葱末的可以再撒些葱末。

扣扣说

要蒸出光滑平整的蒸蛋，有几个步骤是非常关键的，一步也不可少。①蛋液要加入凉开水。②水和蛋的比例是1:1。③蛋液要过筛。④蒸的时候，装蛋液的容器要盖上保鲜膜或盖子。

蒜蓉鸡毛菜

需要材料

鸡毛菜
蒜泥
盐

制作方法

1 鸡毛菜洗净、切开。

2 炒锅烧油，下一半蒜泥爆香。

3 下鸡毛菜，待鸡毛菜炒出水，加盐，关火，再加入另一半蒜泥即可。

23

双色花卷

�八配 芙蓉扇贝、紫菜虾皮蛋花汤

做蛋挞剩下来的蛋白不要浪费掉，这里的芙蓉就是蛋白的意思，和扇贝一起炒，加一些西兰花进去，好吃得很。我其实算是比较乱花钱的人，但是在饮食方面我还是挺节俭的，没有用完的食材再合理搭配成一道别的菜。王一万有一次跟朋友夸我，说我还是挺会过日子的，尤其是食材不会浪费，会想尽办法利用食材做出美食，所以这些年，他从 65kg 的阳光小帅哥变成了 85kg 的“油腻大叔”。

双色花卷

需要材料

紫薯
中筋面粉
酵母
油

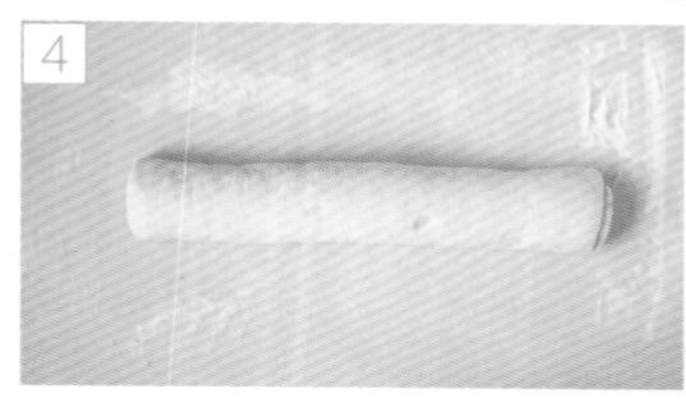

准备工作

1 紫薯洗净、去皮、切块，上锅蒸熟，蒸熟后趁热压泥。

2 用40℃左右的温水冲开酵母。

3 揉两个面团：用面粉、酵母水揉一个白色面团；用面粉、酵母水、紫薯泥揉一个紫色面团。

扣扣说

要等紫薯泥降温到40℃左右再使用。

4 两个面团分别放置，盖上保鲜膜或湿布，发酵到两倍大。

制作方法

1 用两个案板，分别都撒上干粉。

2 两个面团分别排气，用手揉到光滑。1

3 两个面团分别擀成薄薄的面片，尽量大小一致。2 3

扣扣说

这个步骤可以借用压面机，用最宽档压出来的面片厚度就可以。

4 在两个不同颜色的面片之间刷一层薄油，将它们叠在一起，卷起来。卷的时候尽量卷紧，不要进空气。4

5 切成小段，每段 3cm 左右。5

6 取一根筷子，放在中心的位置，压下去，压实。6

7 捏着两头稍微抻长一些，拿起两头，两只手各自向相反的方向旋转。7

8 把两头向下合拢，接口处捏紧放在下面。8 9

9 把花卷摆在蒸锅上，花卷的间隔大些。

10 冷水上锅，继续醒发 15 分钟。

11 水开之后再蒸15分钟。

12 关火，先不开盖，焖 5 分钟，避免表面遇冷回缩。

芙蓉扇贝

需要材料

扇贝柱
西兰花
蛋白
盐

制作方法

1 西兰花用盐水洗净，去根，掰小块。

2 汤锅加水煮开，加盐，放入西兰花再次煮开，捞出，控干水分。

3 蛋白加盐，打散。

4 热锅温油，下扇贝柱，炒熟后盛出备用。

5 将炒好的扇贝柱放入蛋白中，搅拌均匀。

6 锅内再放少许油，下蛋白扇贝柱，炒到蛋液凝固。

扣扣说

一定用温火，不能爆炒。

7 加入西兰花、少许盐，出锅。

紫菜虾皮蛋花汤

需要材料

紫菜
虾皮
鸡蛋
盐
香油
水

制作方法

1 紫菜撕碎。

2 汤锅烧水。

3 鸡蛋打散，水开后缓慢倒入蛋液。

4 关火，加入紫菜碎、虾皮、盐、香油。

扣扣说

紫菜不宜久煮。

24

流沙奶黄包
㊎ 莲藕排骨汤

自制奶黄包，加鸭蛋黄就是流沙奶黄包。自己做的个头偏大，馅也放得多，就是挺实在的那种。鸭蛋黄，小时候就是直接吃，或是夹大饼里吃；现在的吃法就多了，可以放在月饼里、粽子里、各种中西式点心里。放了鸭蛋黄的馅料像中彩的感觉。我喜欢吃蛋黄白莲月饼、云腿蛋黄月饼、蛋黄肉粽、蛋黄酥、肉松蛋黄馅的贝果……但是，不能过量，少吃为宜。

流沙奶黄包

需要材料

可做 10 个

面团：

中筋面粉 250g
细砂糖 5g
酵母 3g
温水 90mL
牛奶 50g

馅料：

鸡蛋 2 个
细砂糖 55g
牛奶 55g
淡奶油 35g
黄油 25g
中筋面粉 22g
澄粉 22g
奶粉 18g
熟咸蛋黄 3个

准备工作

揉面团

1 用 40℃左右的温水加牛奶冲开酵母。

2 用筷子迅速将面粉、细砂糖、酵母水搅成絮状，再用手揉成光滑的面团。

3 盖上保鲜膜，发酵一个半小时左右，发酵到两倍大。

准备馅料

4 将熟咸蛋黄压碎，过筛备用。

5 鸡蛋加细砂糖，打匀（无须打发）。

6 蛋液中加入牛奶、淡奶油，继续打匀。

7 将中筋面粉、澄粉、奶粉混合后，过筛加入蛋液中，搅拌均匀。

8 最后在蛋液中加入黄油。

扣扣说

因为要加热，黄油可以是任何状态的，不需要提前处理。

9 将混合好的蛋奶糊倒入不粘锅，刮刀要不停地搅拌，以免结块，最后加入熟咸蛋黄碎一起搅拌。

10 将流沙奶黄馅搅拌至成团备用。

制作方法

1 面团排气，揉圆。

2 将面团分成均等的小份，每份40g，每个小面团都要滚圆。

3 流沙奶黄馅也分成均等的小份，每份25g，揉圆。

4 把面皮擀圆，中间厚四周薄，包入流沙奶黄馅。用包汤圆的方法，虎口收口在下面，尽量整圆。

5 把奶黄包摆在蒸锅上，奶黄包的间隔大些。

6 冷水上锅，继续醒发15分钟。

7 水开之后再蒸15分钟。

8 关火，先不开盖，焖5分钟，避免表面遇冷回缩。

莲藕排骨汤

需要材料

排骨
藕
姜片
盐
水

准备工作

1 藕洗净、去皮、切滚刀块，撒少许盐，腌10分钟左右。

2 烧一壶开水。

制作方法

1 排骨切块，用清水洗净。

2 排骨下到凉水锅里一起煮开，去浮沫。

3 捞出排骨，用温水冲洗干净，与姜片一起倒入砂锅中。

4 砂锅中倒入刚烧好的开水，加入处理后的藕块。小火，炖1小时。

5 关火，加适量盐调味。

扣扣说

如果喜欢玉米，可在最后20分钟加入玉米段一起煲汤。

25

小刺猬豆沙包

配 冬瓜粉丝丸子汤

孩子渐渐长大，我给她做的卡通造型的饭也越来越少了，惊喜也少了。现在偶尔做一做，孩子还是会喜欢。我其实挺手残的，做造型的东西不是那么精细，不过只要有心，用心做美食的人是最美的，家人看到我把所有的爱诠释在食物中，也会忽略也许并不完美的外表吧。

小刺猬豆沙包

需要材料
可做 6 个

白色面团：
中筋面粉 ◇◇◇ 250g
酵母 ◇◇◇◇◇◇◇◇◇ 3g
温水 ◇◇◇◇◇ 130mL

黑色面团：
中筋面粉 ◇◇◇◇ 80g
酵母 ◇◇◇◇◇◇◇◇◇◇ 1g
温水 ◇◇◇◇◇◇ 48mL
黑芝麻粉 ◇◇◇◇ 15g

面团其他材料：
红曲粉 ◇◇◇◇◇ 一点

豆沙馅：
红豆 ◇◇◇◇◇◇◇ 250g
水 ◇◇◇◇◇◇◇ 650mL
细砂糖 ◇◇◇◇ 200g
油 ◇◇◇◇◇◇◇◇◇ 100g

准备工作

揉面团

1 用40℃左右的温水冲开酵母。

2 白色面团：用筷子迅速将面粉、酵母水搅成絮状，再用手揉成光滑的面团。黑色面团：用筷子迅速将面粉、黑芝麻粉、酵母水搅成絮状，再用手揉成光滑的面团。

3 盖上保鲜膜，28℃室温发酵1小时，发酵到两倍大。

准备豆沙馅

4 250g红豆洗净，加650mL水，用电压力锅煮30分钟。

5 将煮完的红豆沙立刻放入料理机打细腻。

扣扣说

做豆沙包，有点颗粒也是可以的。

6 将红豆沙倒入不粘锅，一边搅拌，一边分次加入共100g的油。

扣扣说

油要用无味的玉米油或稻米油。

7 一边搅拌，一边分次加入共200g的细砂糖。

扣扣说

糖晚点加，不然容易炒糊，有苦味。

8 继续开中火，一直不停翻炒30分钟左右，炒制成团。

扣扣说

翻炒过程中，红豆沙容易外溅，小心被烫伤。

9 将豆沙馅分成6份，每份30g。

扣扣说

豆沙包对豆沙馅的要求不高。如果做蛋黄酥的话，需要炒得干一些。

制作方法

1 两种面团分别排气，揉圆。

2 将白色面团分成均等的小份，每份50g，每个小面团都要滚圆。

3 将黑色面团分成均等的小份，每份20g，每个小面团都要滚圆。

4 多余的白色面团和黑色面团分别留作备用。

5 把白色面团擀圆，中间厚四周薄，包入豆沙馅。用包汤圆的方法，虎口收口在下面，尽量整圆。1 2

6 黑色面团擀薄，用饺子皮模具压成圆形。3 4

7 黑色面团沾点水，盖在白色面团上面，多余的部分用小刀去掉，用剪刀剪出一个个的小刺。5—7

8 多余的白色面团加少许红曲粉，分别揉成嘴巴、手、脚，用牙签压出纹理，沾点水粘在刺猬身上。8

9 多余的黑色面团，做成鼻子和眼睛，也用水粘在刺猬身上。9

10 把豆沙包摆在蒸锅上，豆沙包的间隔大些。

11 冷水上锅，继续醒发15分钟。

12 水开之后再蒸15分钟。

13 关火，先不开盖，焖5分钟，避免表面遇冷回缩。

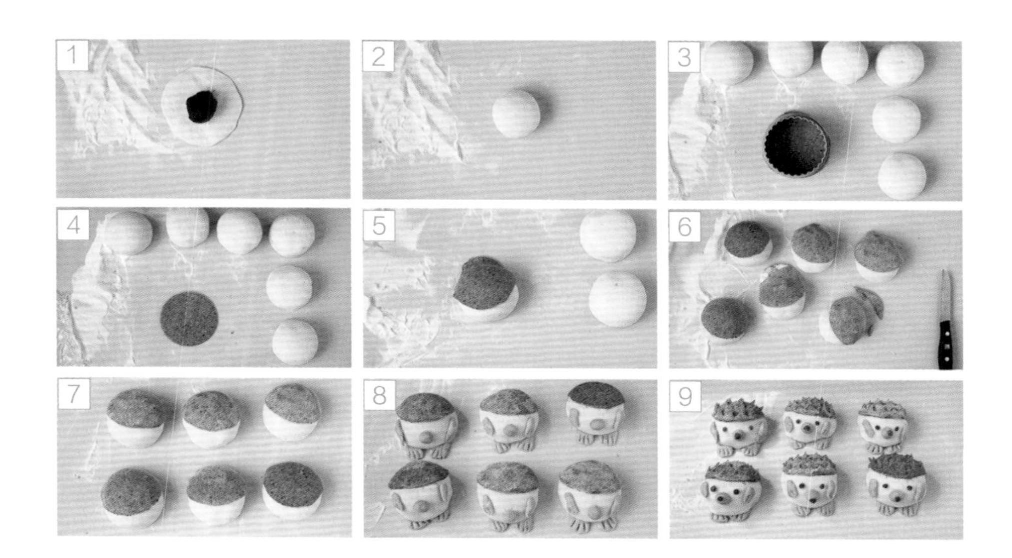

冬瓜粉丝丸子汤

需要材料

猪肉馅 ◇◇◇◇ 250g
冬瓜
粉丝
葱末
姜末
料酒
香油
生抽
盐
白胡椒粉
十三香
水

准备工作

1 猪肉馅加葱末、姜末、料酒、香油、生抽、盐、白胡椒粉、十三香，搅打上劲。

扣扣说

猪肉馅要有一点肥肉，纯瘦的口感偏硬。调料也可按喜好自行调整。

2 调好的猪肉馅装入保鲜盒，放进冰箱冷藏保存。

制作方法

1 冬瓜洗净、去皮、切薄片。

2 汤锅中放入切好的冬瓜片，煮开。

3 煮开后放入粉丝。

4 用虎口捏猪肉丸子，下锅煮。

5 待丸子全部浮上来后，再煮几分钟。

6 加盐，关火，可以撒点香菜、葱末。

扣扣说

冬瓜换成白菜、青萝卜都可以；猪肉馅换成羊肉馅也可以。

26

糯米烧麦

配 绿豆燕麦粥

今天菜市场有卖荸荠的，正好加一些到馅里，糯米软糯，荸荠爽脆，增添多重口感，就像我们吃四喜丸子加点荸荠进去也很好吃。糯米馅的烧麦，其实北方吃的还是少，总被身边的人问怎么烧麦里面还有米啊？萱萱很爱吃，有很多小孩子喜欢吃黏黏的食物，不过不要吃太多，尤其晚上吃太多黏食会影响消化的。

糯米烧麦

需要材料

糯米 ◇◇◇◇◇◇ 250g
五花肉 ◇◇◇◇ 150g
腊肠 ◇◇◇◇◇◇◇ 60g
胡萝卜 ◇◇◇◇◇ 1 根
豌豆 ◇◇◇◇◇◇◇ 70g
玉米粒 ◇◇◇◇ 70g
荸荠 ◇◇◇◇◇◇◇ 80g
干香菇 ◇◇◇◇ 10 朵
洋葱 ◇◇◇◇◇◇◇ 半个
生抽 ◇◇◇◇◇◇◇ 2 勺
老抽 ◇◇◇◇◇◇◇ 1 勺
料酒 ◇◇◇◇◇◇◇ 1 勺
蚝油 ◇◇◇◇◇◇◇ 1 勺
盐
糖
烧麦皮

准备工作

1 糯米浸泡 5 小时，令其充分吸收水分。然后控水捞出，上蒸锅蒸 25 分钟。

2 干香菇用温水泡软。

扣扣说

泡香菇的水不要倒掉。

3 将五花肉、腊肠、胡萝卜、荸荠、泡好的香菇、洋葱均切成小丁。

4 炒锅烧热，倒入油，先放入五花肉和腊肠炒熟。再放入豌豆、胡萝卜丁、洋葱丁、香菇丁翻炒。

5 加入荸荠丁和玉米粒。

6 放入调料：大概的量是，2 勺生抽、1 勺老抽、1 勺料酒、1 勺蚝油、少许糖、适量盐。

7 最后加入蒸好的糯米，加入少量泡香菇的水，翻炒均匀。

8 包烧麦。1—3

扣扣说

包的时候要把玉米粒和豌豆放在最上面，起到点缀的作用，蒸出来的颜色好看。我买的烧麦皮，买不到烧麦皮也可以用擀薄的饺子皮。包的时候收口处一定要捏紧，不然蒸的时候容易散开。

1

2

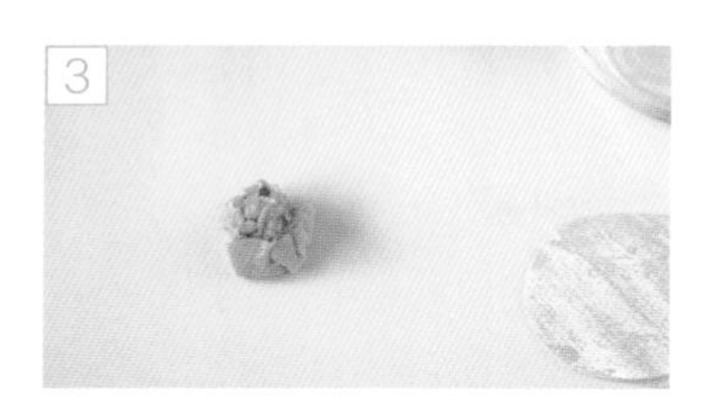

制作方法

1 烧麦上蒸锅蒸12 ~ 15分钟。

2 蒸熟后先不要开盖，焖一会儿。

绿豆燕麦粥

需要材料

绿豆
燕麦片
冰糖
水

制作方法

1 泡绿豆。

扣扣说

绿豆泡一下会比较容易煮开花。

2 绿豆加水煮开，关火焖一下；再开火煮开，煮到绿豆开花出沙。

3 加入燕麦片煮15分钟。

4 关火，加入冰糖。

扣扣说

如果觉得早晨比较匆忙，可以在前一天晚上将绿豆、燕麦片放入电炖锅中，并预约好制作时间。电炖锅属于慢炖，煮粥预约4 ~ 5小时，煮好了自动进入保温状态，早上加入冰糖就可以直接食用了。

27

三鲜锅贴

㊎南瓜小米浓汤

锅贴，你会觉得太麻烦吗？其实不是的。锅贴的包法比饺子、包子、馄饨都简单，只需中间捏紧，两边留口。最喜欢浇点油上去，听到嗞嗞的声音。作为一个厨人，食物带给我们的不完全是色香味，还有听到的咕咕冒泡声，嗞嗞煎油声，翻动铁勺的声音，以及厨房里噼里啪啦的声音。

三鲜锅贴

需要材料

饺子皮
猪肉馅
白菜
木耳
韭菜
鸡蛋 ◇◇◇◇◇◇◇◇ 2个
虾仁
扇贝柱
淀粉
水
醋
姜末
葱末
生抽
料酒
香油
白胡椒粉
十三香
盐

准备工作

1 白菜洗净、剁细碎，加少许盐，等待一会儿即会出汁，再挤去多余的汁水。

扣扣说

如果是自己做饺子皮，可以用白菜汁和面，这样白菜汁也不会浪费了。

2 木耳泡发、去蒂、切碎。

3 韭菜洗净、摘净、切碎。

4 鸡蛋加少许盐，打散。炒熟后切碎。

5 猪肉馅加姜末、葱末、生抽、香油、料酒、白胡椒粉、十三香、盐一起搅打上劲。

6 将上述所有材料混合在一起，加盐，搅拌均匀。

7 虾仁去虾线、切小段，和扇贝柱放在另一个盘子里。

扣扣说

这样在包馅的时候，就可以保证每个锅贴都能有海鲜了。

8 用饺子皮包馅。这个馅含水量较少，可用开口包的方法，只需把中间压住，两端开口即可。1

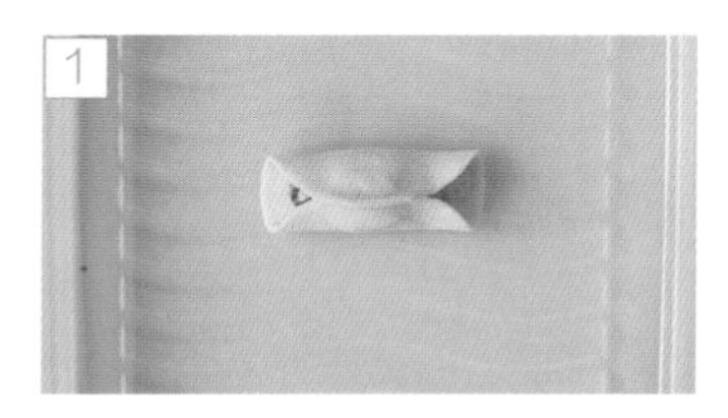

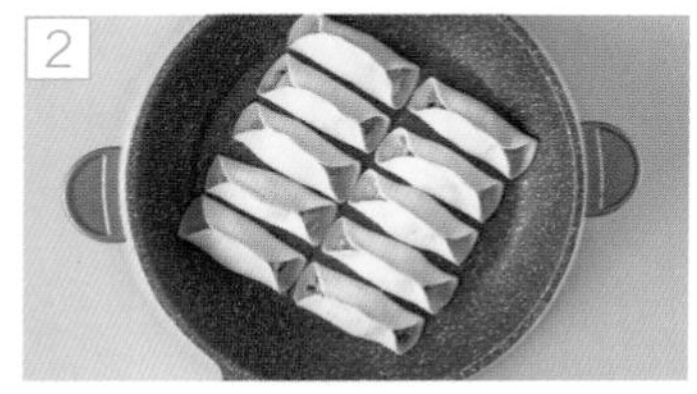

制作方法

1 调汁：淀粉、水、醋的比例是1:10:1。

2 平底锅烧热，倒入少许油，把锅贴在锅中摆好，每个锅贴都要均匀地沾到油。2

3 煎一会儿，锅贴的底部会变色，然后倒入调好的汁，转大火，盖上锅盖焖一会儿。3

4 转小火继续煎，等到锅中的水快干了，转大火再煎一会儿，浇上一点熟油，就可以出锅了。

扣扣说

三鲜煎饺的汁有别于冰花煎饺，是因为里面加了一些醋。加入醋调的汁做出来的三鲜锅贴会更好吃，也一样会有锅巴脆。

南瓜小米浓汤

需要材料

南瓜 ◇◇◇◇◇◇ 300g
小米 ◇◇◇◇◇◇◇ 25g
水 ◇◇◇◇◇◇◇◇◇ 适量
冰糖 ◇◇◇◇◇◇◇ 适量

准备工作

1 南瓜洗净、去皮、切块。

2 小米洗净。

制作方法

1 切好的南瓜块和小米放入破壁机，加水至杯体1000mL刻度线。

2 选择“养生糊”模式。1

3 工作程序结束后会有“嘀嘀”提示声。2

4 打开盖子上的防溢盖，加入冰糖。3 4

5 选择“点动”按钮，两次点动，一次5秒即可。5 6

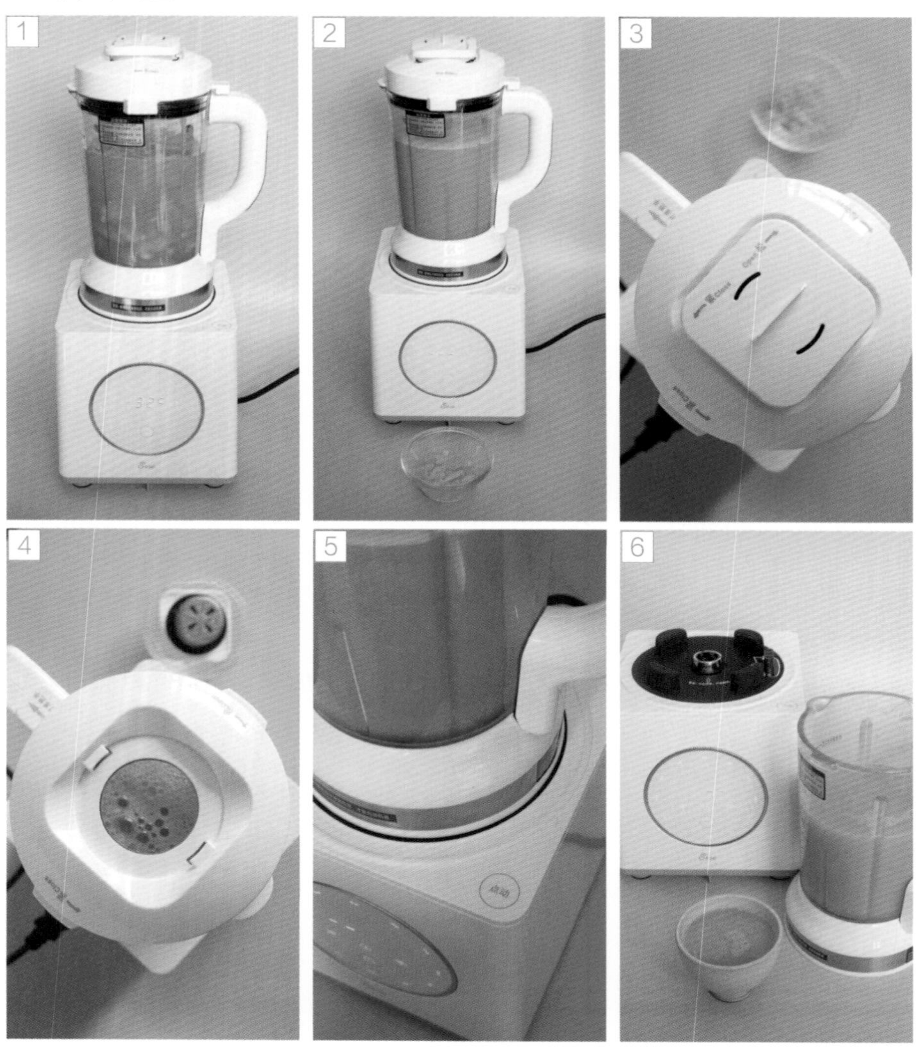

方便
應俱全
點

28

南瓜虾仁鸡蛋锅贴

㊎ 香菇鸡肉粥

南瓜是我家的常备食材，不易坏。每年万圣节，还会挑选最漂亮的南瓜给孩子做南瓜灯。南瓜全身都是宝，能吃还能玩。

我怀孕的时候有一阵子反应特别大，什么都吃不下，喝口水都会吐出来，整个人无精打采的。这个时候就是妈妈救了我。当时去妈妈家，妈妈做了这个南瓜锅贴，我竟然胃口大开连吃了好几个。这个就是妈妈的味道，我也传承了。

南瓜虾仁鸡蛋锅贴

需要材料

饺子皮
虾仁
南瓜
鸡蛋
盐
料酒
葱末
姜末
香油
淀粉

准备工作

1 虾仁切小块，用料酒腌制 20 分钟。

2 南瓜洗净、去皮、擦细丝。擦好的丝有些长，再剁碎点。

3 鸡蛋加少许盐，打散，下锅炒碎。

4 鸡蛋碎、南瓜丝、虾仁、葱末、姜末搅拌均匀，放香油、盐调味。

扣扣说

为了让每一个锅贴里都有虾仁，也可以把虾仁单独放。最后加盐，是为了避免南瓜出水过多。

5 用饺子皮包馅，馅的水分很大，建议用封口包的方法。

扣扣说

南瓜馅水分很大，包馅的时候会出许多汁水，可以把汁挤掉继续包。

制作方法

1 平底锅烧热，倒入少许油，把锅贴在锅中摆好，每个锅贴都要均匀地沾到油。1

2 煎一会儿，锅贴的底部会变色，然后倒入调好的水淀粉至锅贴的 2/3 处，转大火，盖上锅盖焖一会儿。2

3 转小火继续煎，等到锅中的水快干了，锅贴的皮变透明能看到金黄色的南瓜馅，转大火再煎一会儿就可以出锅了。3

扣扣说

冰花煎饺是淀粉和水以1:10的比例调和，代替水浇进去，煎到水淀粉变干变色，冰花煎饺就完成了。平底锅晃动，锅贴能移动，晃动的动作不要太大，会破坏冰花。

香菇鸡肉粥

需要材料

香菇
鸡胸肉
大米
油
盐
白胡椒粉
葱末
姜丝
水

准备工作

1 大米泡一下，倒掉泡米水，重新加新水煮粥，加少许油。

扣扣说

大米与水的比例根据个人喜好调节，喜欢比较浓稠的口感就用1:8的比例，喜欢米汤多一些的就用1:10的比例。

2 香菇洗净、切薄片；鸡胸肉切丝。

制作方法

1 把鸡丝放入粥中煮沸。

2 加入姜丝、香菇片，再煮10分钟。

3 加入白胡椒粉和盐调味。

4 撒葱末。

一粥一饭间皆是爱

29

皮蛋瘦肉粥

㊎鸡蛋馒头片、炒土豆胡萝卜丝、鹌鹑蛋串串

皮蛋瘦肉粥，是我最喜欢喝的一款咸粥，但是皮蛋含铅太高了，真心劝大家少吃，我也是偶尔才吃一次解馋的。

鸡蛋馒头片，虽说没有什么难度，但怎样才能煎出来颜色保持金黄还不焦煳、蛋液怎样不会弄得哪儿都是、黑芝麻怎样才能全粘连住，也是需要小技巧的。我的建议是尽量少油。小时候我喜欢用鸡蛋馒头片蘸白糖吃，甜，特别知足。我们小时候与现在的孩子相比，最大的区别就是我们懂得知足和珍惜，现在的孩子什么也不缺，慢慢养成了自私和浪费的习惯，我觉得还是不要对孩子过分溺爱，培养独立勇敢的品性，才是对孩子好吧。

皮蛋瘦肉粥

需要材料

大米
瘦肉
皮蛋
姜
盐
五香粉
白胡椒粉
葱末
水

制作方法

1 大米洗净，加入清水浸泡 30 分钟，捞出沥干水分。

2 砂锅中加入 1 杯大米、10 杯水，熬粥。大火烧开后转小火，不断搅拌。

3 瘦肉切末；皮蛋切块；姜切丝。

4 煮到米开花变浓稠后，转中火，加入姜丝、瘦肉，煮到瘦肉变色。

5 加入皮蛋、少许五香粉、白胡椒粉、盐。

6 把姜丝捞出，撒葱末，即可。

鸡蛋馒头片

需要材料

馒头
鸡蛋
盐
黑芝麻

制作方法

1 鸡蛋加少许盐，打散。

2 馒头切片，薄厚统一。

3 馒头片蘸满蛋液。

4 锅内放油，煎馒头片。趁上面蛋液未凝固，撒黑芝麻；下面蛋液凝固变色，马上翻面。

扣扣说

煎馒头片的油量可以少点。注意油温，保持中小火慢煎。

炒土豆胡萝卜丝

需要材料

土豆
胡萝卜
番茄酱
蚝油
生抽
盐
糖

制作方法

1 胡萝卜洗净、去皮、切细丝。

2 土豆洗净、去皮、切细丝。

3 土豆丝泡水，去掉表面的淀粉，也防止氧化变黑。

扣扣说

这一步不建议提前一天准备。

4 锅内放油，先把胡萝卜断生，再放入土豆丝，加入番茄酱、蚝油、生抽、盐、糖翻炒即可。

扣扣说

如果土豆丝翻炒的时候太干，可稍微加一点水。

鹌鹑蛋串串

需要材料

鹌鹑蛋
油
番茄沙司
孜然粉

制作方法

1 将短一点的竹签，用盐水浸泡30分钟。

2 章鱼小丸子模具上刷一层油，敲入鹌鹑蛋，一个孔里面敲一个鹌鹑蛋。

3 借用竹签，将底部煎熟的鹌鹑蛋翻面。

4 两面煎熟即可。

5 将煎好的鹌鹑蛋穿入竹签，一个竹签上穿3～5个。

6 刷上一层番茄沙司，撒上一层孜然粉，即可。

30

小龙虾盖饭

配 黑米薏米仁豆浆

我很喜欢靠着食物去回忆过去的旅程。2016 年 2 月 1 日我们在美国新奥尔良市参加了一年一度的狂欢节，感受到新奥尔良市人民的热情。新奥尔良市没有鸡翅，最著名的就是波旁街的卡津美食（Cajun Food）、焗小龙虾、海鲜饭、炸生蚝。这次我做的就是标志性食物小龙虾。

小龙虾盖饭

需要材料

米饭
小龙虾
姜
葱段
蒜末
番茄酱
蚝油
味淋
生抽
细砂糖
盐
淀粉

准备工作

1 蒸一锅米饭。

2 用小毛刷清理小龙虾。1

3 汤锅加水，放入姜片和葱段，下小龙虾，煮至颜色完全变红，捞出放凉。2

4 煮过的小龙虾，剥壳取肉，小龙虾去头、掐尾、除虾线，备用。3

5 将蚝油、味淋、生抽、细砂糖、盐，按自己的喜好调成汁。

制作方法

1 炒锅烧热，放少许油，下番茄酱，炸出红油。

2 下姜末、蒜末炝锅，炒出香味。

3 倒入调料汁，烧开后，加入少许水。

4 倒入小龙虾炒匀，调入少许水淀粉。

扣扣说

小龙虾不易久煮，会缩得很厉害。想入味可以关火多泡一下汤汁。

5 米饭盛出，把调好的汁浇在上面。

黑米薏米仁豆浆

需要材料

薏米仁 ◇◇◇◇◇ 20g
黑米 ◇◇◇◇◇◇◇ 35g
黄豆 ◇◇◇◇◇◇◇ 40g
水 ◇◇◇◇◇◇◇◇◇◇ 适量
冰糖 ◇◇◇◇◇◇◇◇ 适量

准备工作

1 薏米仁、黑米洗净。

2 黄豆泡 4 小时。

制作方法

1 薏米仁、黑米、黄豆放入破壁机，加水至杯体 1000mL 刻度线。

2 选择“养生糊”模式。1 2

3 工作程序结束后会有“嘀嘀”提示声。3

4 打开盖子上的防溢盖，加入冰糖。4 5

5 选择“点动”按钮，两次点动，一次 5 秒即可。6 7

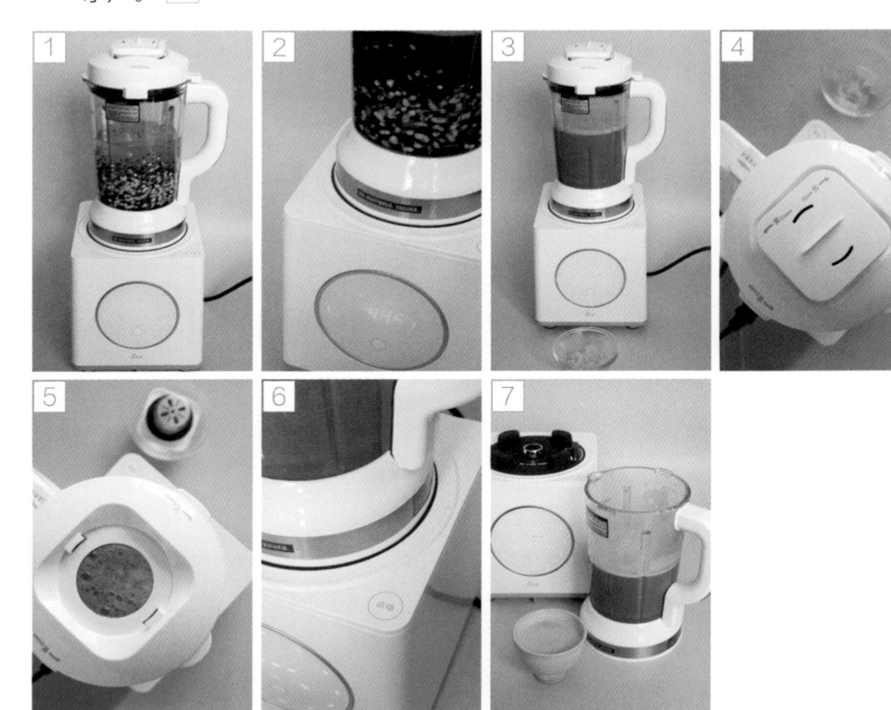

31

苋菜炒饭

㊎ 奥尔良鸡腿肉、红枣黑芝麻糊

苋菜，可能有许多人没有见过这个菜吧。苋菜软滑，菜味浓，入口甘香，有润肠、清热的功效，富含易被人体吸收的钙质，可促进凝血，增加血红蛋白含量。苋菜可凉拌，也可炒菜，红色汤汁也可做天然的面团染色剂。苋菜炒饭是粉红色，特别好看，而且做法也简单，比蛋炒饭还省事呢。我跟女儿说，“妈妈给你做了粉色米饭，要不要吃？”女儿很开心地吃了一大碗，告诉我好吃！

苋菜炒饭

需要材料

米饭
苋菜
蒜末
盐

准备工作

1 提前一天蒸好米饭。

扣扣说

米饭需要蒸得稍微偏硬一点，炒出来的饭才会粒粒分明。

2 苋菜洗净，只留叶子部分，去掉茎部。

3 苋菜叶切碎，装入保鲜盒，放进冰箱冷藏保存。

制作方法

1 热锅热油，下蒜末爆香，马上放入苋菜碎，翻炒。

2 加少许盐，苋菜会出粉色汁水，放入适量米饭一起翻炒，最后再加少许盐，即可。

奥尔良鸡腿肉

需要材料

鸡腿肉 ◇◇◇◇ 去骨

自制奥尔良调料：
生抽
糖
盐
甜椒粉
黑胡椒粉
番茄酱
蒜泥
洋葱碎
味淋

准备工作

鸡腿肉去皮、切条，用奥尔良调料腌制，装入保鲜盒，放进冰箱冷藏隔夜。

制作方法

把腌好的鸡肉条，放入预热好的空气炸锅，200℃、10 分钟，即可。

红枣黑芝麻糊

需要材料

黑芝麻 ◇◇◇◇◇ 30g
糯米 ◇◇◇◇◇◇◇ 60g
红枣 ◇◇◇◇◇◇ 10颗
水 ◇◇◇◇◇◇◇◇◇◇ 适量
冰糖 ◇◇◇◇◇◇◇ 适量

准备工作

1 糯米泡1小时。

扣扣说

泡糯米这一步建议不要省去。打出来的味道没有很重的香油味，不腻。

2 黑芝麻洗净。

3 红枣洗净、去核。

制作方法

1 黑芝麻、糯米、红枣放入破壁机，加水至杯体1000mL刻度线。

2 选择“养生糊”模式。1 2

3 工作程序结束后会有“嘀嘀”提示声。3

4 打开盖子上的防溢盖，加入冰糖。4 5

扣扣说

这款破壁机在机顶设计了一个防溢盖，方便使用者在菜单程序结束后添加调料。温馨提醒一下，大家在打开盖子的时候要小心蒸汽，避免烫伤。

5 选择“点动”按钮，两次点动，一次5秒即可。6 7

扣扣说

喜欢奶香的话，可以在程序结束后加入100mL牛奶。不必再煮开，和冰糖一起“点动”搅拌均匀即可。

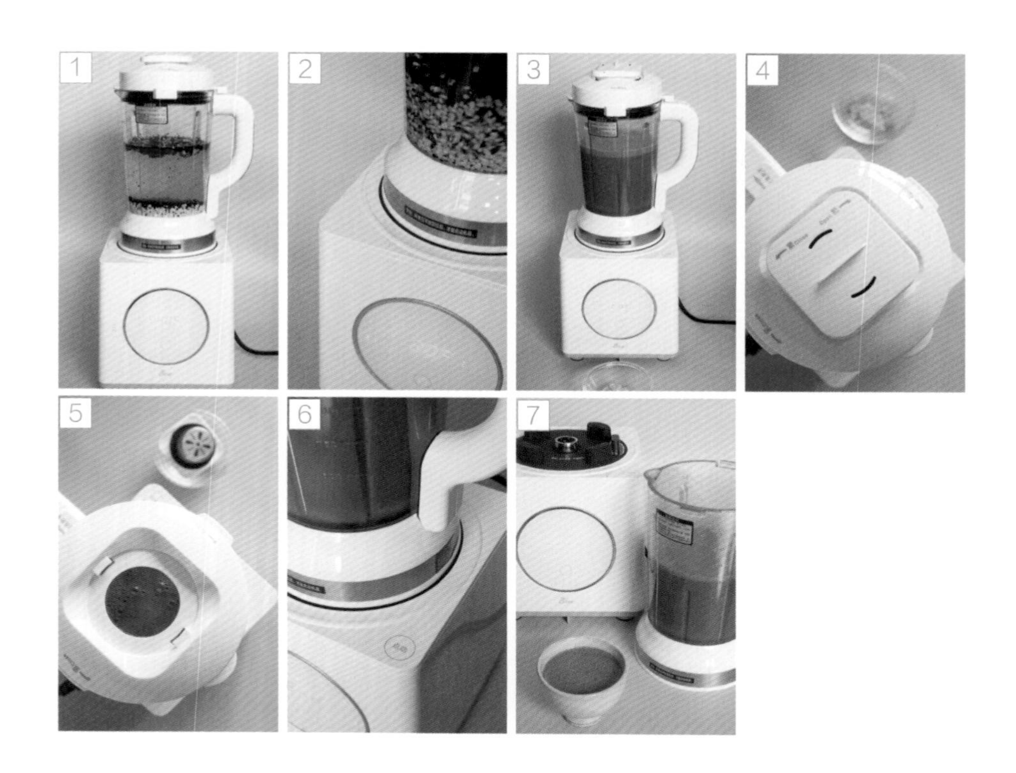
1
2
3
4
5
6
7

32

五花肉辣白菜炒饭

配 奶香玉米汁

我很幸福，我有一个勤劳简朴的妈妈，在参加工作之前，基本三餐都在家里吃，很少外食，对一些新奇的菜品也没有接触过，在我的眼里，妈妈和奶奶做的都是最好的美食。

辣白菜，那是我第一次吃韩餐，刚毕业工作，当时的同事带我去吃的，说是韩式的，帮我点了招牌的辣白菜炒饭。真是没想到，同样的酸酸辣辣的白菜，这味道比醋溜白菜好吃，之后我就喜欢上了韩式泡菜。那家餐厅就在单位门口，价格也不算贵，馋了就点上一份，直到我离开了那个工作单位，吃的次数就越来越少了，但是我一直记得那个味道。

结婚后我开始下厨，自己喜欢吃的菜当然也要细心研究一下做法，每次做上一份辣白菜炒饭配上煎蛋，我和老公都能吃光，真是好吃！食物带给我的也是另一种回忆，我会想起多年前和我一起吃辣白菜炒饭的那个同事，可爱的佳佳，你还好吗？

五花肉辣白菜炒饭

需要材料

米饭
去皮五花肉
辣白菜
胡萝卜
盐
韩式辣酱

准备工作

1 提前一天蒸好米饭。

扣扣说

米饭需要蒸得稍微偏硬一点，炒出来的饭才会粒粒分明。炒米饭一定要用隔夜放凉的米饭。

2 去皮五花肉切薄片；辣白菜切小块；胡萝卜切小丁。

制作方法

1 热锅，放少许油，煸入五花肉，煸出多余的油脂。

2 放入胡萝卜、辣白菜翻炒均匀。

3 加入米饭翻炒。

4 加入韩式辣酱、少许盐即可。

扣扣说

炒饭过程中如果偏干，可加入少量清水。

奶香玉米汁

需要材料

玉米 1 根
水 750mL
牛奶 100mL
冰糖 适量

准备工作

玉米生熟均可，取玉米粒。

扣扣说

剥玉米粒的方法：用稍微厚柄的勺子背面，从玉米的根部用力向下推即可。也可以用速冻的玉米粒。

剥玉米粒的方法

制作方法

1 玉米粒放入破壁机，加水750mL。

2 选择“玉米汁”模式。1

3 工作程序结束后会有“嘀嘀”提示声。2

4 打开盖子上的防溢盖，加入冰糖和100mL 牛奶。3 4

5 选择“点动”按钮，两次点动，一次 5 秒即可。5 6

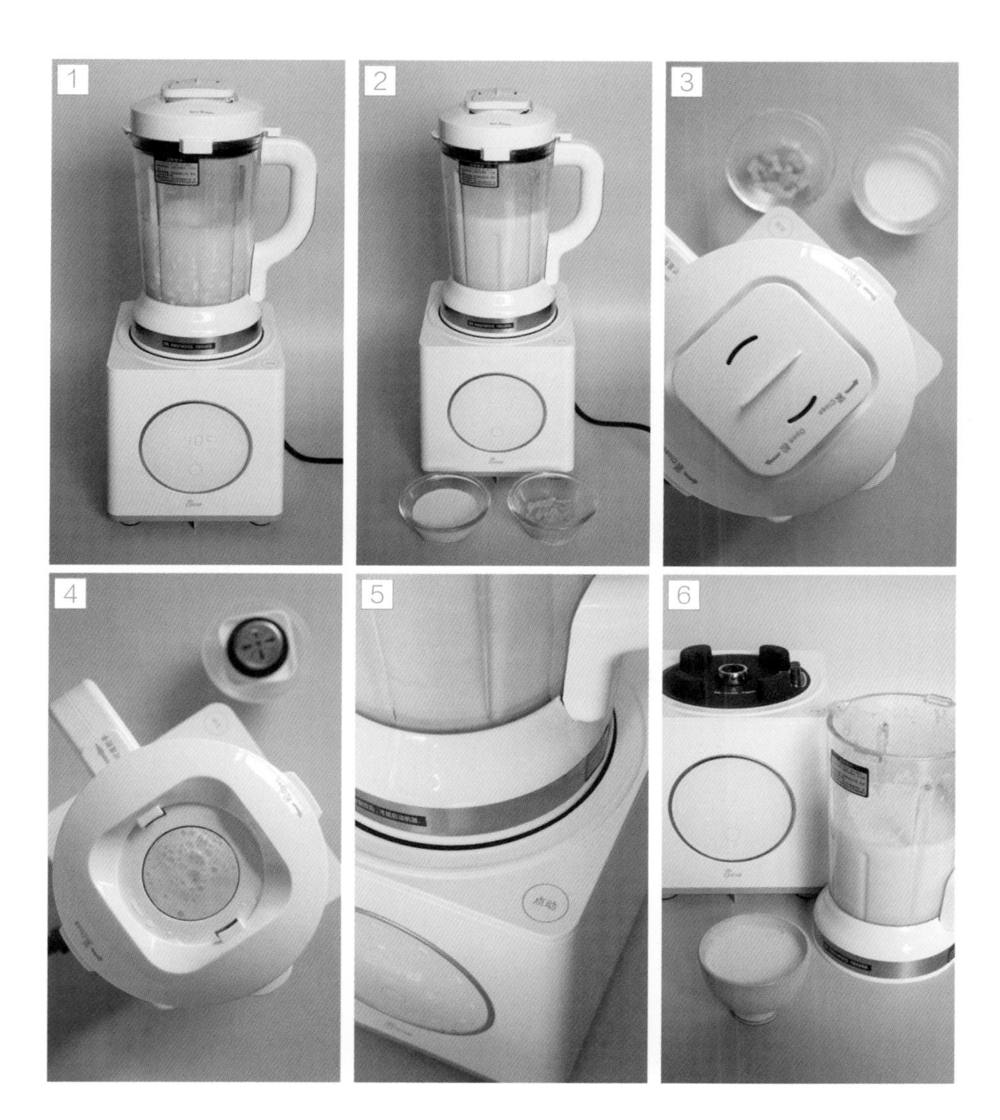
1
2
3
4
5
6
点动

33

蛋包饭
㊎荔枝玫瑰红茶

蛋包饭算是炒米饭的升级版，颜值担当。摊蛋皮的时候有讲究，一定不能用大火，火大了，蛋皮就变得干硬，就不能放入米饭再对折了。如果失败了也不要紧，把摊好的鸡蛋切丝，和炒好的米饭摆在一起。我就炒老过，早上手忙脚乱也很正常，难道没做成蛋包饭还不吃啦？要学会随机应变，不要浪费食物。

us this day our daily bread

蛋包饭

需要材料

米饭
鸡蛋 ◇◇◇◇◇◇◇◇◇ 2个
淀粉
胡萝卜
青豆
火腿
盐
葱末
番茄沙司

准备工作

1 提前一天蒸好米饭。

扣扣说

米饭需要蒸得稍微偏硬一点，炒出来的饭才会粒粒分明。炒米饭一定要用隔夜放凉的米饭。

2 胡萝卜、火腿切小丁，放进冰箱冷藏保存。

制作方法

炒饭

1 锅内倒入油，炒熟胡萝卜丁、青豆、火腿丁，盛出备用。

2 锅内再倒入油，下葱末炝锅，倒入米饭，先用中火不停地翻炒，再转小火继续炒，炒到米饭变干。

3 加入炒好的胡萝卜丁、青豆、火腿丁，一起翻炒拌匀。

4 加盐调味，盛出备用。

蛋皮

5 鸡蛋打散，加少许水淀粉。

扣扣说

和蛋饺放水淀粉的原理一样，这样的蛋皮有韧性不易破。

6 平底锅内留油，倒入蛋液平摊成蛋皮，不易过厚。

扣扣说

全程保持中小火，切勿心急用大火。

组合

7 待蛋液即将凝固时，在蛋皮一侧放入炒好的米饭。1

8 表面还有未凝固的蛋液，将蛋皮对折，边缘处压紧。2

扣扣说

对折的时候，如果收口处的蛋液已经完全凝固，无法粘合，可以沿着蛋皮边缘再抹一圈蛋液，再按紧边缘处定型。

9 再煎一下，即可出锅。

10 表面挤上条纹状的番茄沙司。

荔枝玫瑰红茶

需要材料

荔枝 8 颗
红茶包 1 包
干玫瑰花 8 朵
冰糖 适量

制作方法

1 烧一壶开水，泡红茶包，略泡干玫瑰花。

2 取出红茶包。

3 4 颗荔枝去皮、挤汁，加入少许冰糖。

4 另外 4 颗荔枝去皮，放入一起泡。

5 放凉即可饮用。

34

竹筒饭

㊇豆腐鸡蛋羹

和家人吃了一次南京大排档，喜欢上了竹筒饭，里面就是简单的香肠和青菜，却又能这么美味。竹筒饭要用猪油，我吃到的第一口就觉得好香，而米饭当然也可以炒出来，但真正的竹筒饭应该是蒸出来的。

我特意买了竹筒来做这道菜，可能在有些人眼里是不必要的行为。但我觉得，竹筒可以当碗用，而且食物中的“器”很重要，不管是做饭的锅，还是盛饭的碗，都是“器”的一种，这也是《舌尖上的中国 3》第一集“器”所想表现的内容。

竹筒饭

需要材料

香米
小油菜
盐
生抽
腊肠
猪油

准备工作

1 香米洗净并浸泡30分钟。

2 腊肠切小丁，小油菜洗净、切末。

制作方法

1 锅内放猪油，下腊肠炒香盛出。

扣扣说

要用猪油才够香。

2 加入香米和淘米水，加入适量生抽调味。煮5分钟，加入适量盐。

3 继续下小油菜末拌匀，关火。

4 把炒好的食材放入洗净的竹筒内，高于竹筒的2/3处。

5 盖上盖子，蒸锅上汽蒸35 ~ 40分钟即可。

豆腐鸡蛋羹

需要材料

内脂豆腐 ◇◇◇ 1盒
瘦猪肉末 ◇◇◇ 50g
香肠 ◇◇◇◇◇◇◇ 1根
鸡蛋 ◇◇◇◇◇◇◇ 1个
香葱
盐
淀粉

准备工作

1 香肠切丁。

2 鸡蛋打散。

3 内脂豆腐切小条。

4 香葱切末。

制作方法

1 锅内放少许油，放入瘦猪肉末炒熟。

2 加水煮开，加入香肠丁、豆腐条。

3 再次煮开，加入水淀粉。

4 打入蛋液，加盐，即可。

5 表面可撒香葱末点缀。

捧一碗暖心的汤面

35

西红柿疙瘩汤

㊩ 咖喱鱼丸、红豆水

西红柿和鸡蛋这组红黄配，营养无敌，最基础也最美味。就算你再不会做饭，也要会做一碗西红柿疙瘩汤，当家里有人生病不舒服的时候，这碗汤就是最好的病号饭。谁也不想生病，一旦生病了，家人的陪伴，还有一口想吃的饭，都能让病情好得更快，老人常说“嘴壮”病就好得快，为了爱自己的家人，必须会做个像面汤、粥这样的病号饭。

西红柿疙瘩汤

需要材料

中筋面粉 ◇◇◇ 150g
西红柿 ◇◇◇◇◇ 2个
鸡蛋 ◇◇◇◇◇◇◇ 2个
葱末
香菜
生抽
盐

准备工作

1 西红柿洗净，上面划十字刀，在沸水中煮一下，即可撕掉皮。

2 西红柿去皮、去根部、切小丁。

制作方法

1 炒锅内放油，下葱末爆香。

2 加入西红柿丁，煸炒出汁，再加入少量生抽调味。

3 加入两碗清水，大火煮开。

4 这个时候制作面疙瘩：盆中称出150g面粉，慢慢地加水（水龙头调到最小的水流），一边加水一边用筷子迅速搅拌，直到面粉全部呈大小一致的小颗粒状，无干面粉为止。1 2

5 锅中水煮开后转中火，分次加入面疙瘩。一边加入面疙瘩一边用勺子搅拌。

扣扣说

一定要搅拌，防止面疙瘩成大面团，那就不好吃了。

6 再次煮开锅，加入打散的蛋液。

7 鸡蛋凝固后，加入盐，用筷子轻轻搅拌，关火即可。加香菜点缀。

咖喱鱼丸

需要材料

鱼丸
胡萝卜
土豆
咖喱块
盐

准备工作

1 土豆洗净、去皮、切小块。

2 胡萝卜洗净、去皮、切小块。

3 汤锅加水，鱼丸煮熟全部漂浮起来，捞出备用。

制作方法

1 炒锅内倒入少许油，下胡萝卜块、土豆块翻炒。

2 加入鱼丸和一大碗水，煮沸后转中火煮 10 分钟。

扣扣说

可把部分水换成牛奶或椰汁，按个人喜好适量加入。

3 加入适量咖喱块化开搅拌，转小火再煮 5 分钟。煮到汤汁浓稠，加入少许盐，关火盛出。

红豆水

需要材料

红豆
水

制作方法

将红豆、水放入养生壶，选择“养生汤”模式开始制作。

36

猪肉蘑菇云吞
㊕ 小米糕、蔓越莓蜂蜜水

这么大个的云吞，是用饺子皮包出来的，元宝形状，按照韩式水饺制作方法做的，可以当大饺子煮着吃，也可以直接煎着吃，不管怎么包，原则性的问题就是别漏馅就行。

我早上起床有空腹喝蜂蜜水的习惯，对皮肤很好，你们也可以试试。其实养成一种习惯不是一件简单的事，好的习惯慢慢去培养，不好的习惯一定要摒弃掉。

猪肉蘑菇云吞

需要材料

猪肉馅
杏鲍菇
鸡蛋
青菜
鸣门卷
饺子皮
葱末
姜末
生抽
香油
黑胡椒粉
十三香
盐

准备工作

1 猪肉馅加姜末、葱末、生抽、香油、黑胡椒粉、十三香、盐一起搅打上劲。

2 杏鲍菇洗净、切碎。在猪肉馅中加入杏鲍菇碎，搅拌均匀。

3 饺子皮包大馅云吞。1—3

扣扣说

云吞和馄饨的区别在于，云吞馅大、馄饨馅小。

包云吞
的一种方法

制作方法

1 鸡蛋打散。

2 平底锅放油烧热，蛋液倒入锅中，并旋转着让蛋液摊平。

3 蛋液下层基本凝固时，迅速翻面。

4 两面均凝固后，盛出，切丝备用。

5 汤锅煮开水，加盐，烫几根青菜，捞出。

6 汤锅中加入云吞，煮开，再加入几片鸣门卷一起煮。

7 煮开后加入青菜、鸡蛋丝即可。

小米糕

需要材料

一个 8 寸圆形模具的量

小米面 ◇◇◇◇ 140g
鸡蛋 ◇◇◇◇◇◇◇◇ 5 个
常温牛奶 ◇◇◇◇ 50g
炼乳 ◇◇◇◇◇◇◇ 8g
细砂糖 ◇◇◇◇◇◇ 55g
玉米油 ◇◇◇◇◇◇ 35g
盐 ◇◇◇◇◇◇◇◇◇◇◇ 2g
香草精 ◇◇◇◇◇ 2 滴
泡打粉 ◇◇◇◇◇◇◇ 3g
柠檬汁 ◇◇◇◇◇ 5 滴

1

2

3

制作方法

1 将 50g 常温牛奶、8g 炼乳、35g 玉米油，搅拌乳化。1 2

扣扣说

无味油可用玉米油或稻米油。

2 将 5 个鸡蛋的蛋白和蛋黄全都分离，其中放蛋白的盆要保证无水无油。3

3 在第一步乳化好的液体中加入蛋黄、2 滴香草精，搅打均匀。4 5

4 将 140g 小米面、2g 盐、3g 泡打粉混合，一起过筛到搅拌好的蛋黄液中。6—8

扣扣说

粉类一定要过筛。买来的小米面会有点粗糙，大的颗粒会影响小米糕的细腻口感。

5 将第四步的小米蛋黄糊搅拌均匀。9

6 蒸锅加水、加热。

7 将 55g 细砂糖分 3 次加入蛋白并打发至九分发。10—14

扣扣说

用做戚风蛋糕的方法打发蛋白。

8 加入5滴柠檬汁。15

扣扣说

柠檬汁是为了去掉蛋白的腥味，如果没有也可以加几滴白醋。

9 将蛋白分3次加入第五步的小米蛋黄糊。16

10 用上下翻拌的方式混合蛋白与面糊。17

扣扣说

不要划圈搅拌，会消泡的，蒸出来会不够软。

11 混合好的小米糊倒入8寸固定底的模具，再震动两下去掉面糊中的大气泡，盖上保鲜膜。18

扣扣说

我的模具是不粘的，很好脱模。一定要盖好保鲜膜，防止大量的水蒸气进入面糊中。

12 此时蒸锅已上汽，蒸30分钟。

13 关火，先不开盖，焖10分钟，避免表面遇冷回缩。

14 取出模具，倒扣模具，等待小米糕冷却后脱模，取出小米糕切块即可。

扣扣说

可以放一些葡萄干进去，泡好的葡萄干要擦掉表面水分。

蔓越莓蜂蜜水

需要材料

蔓越莓干
蜂蜜
水

制作方法

1 蔓越莓干洗净、切碎。

2 将食材直接用温水冲饮即可。

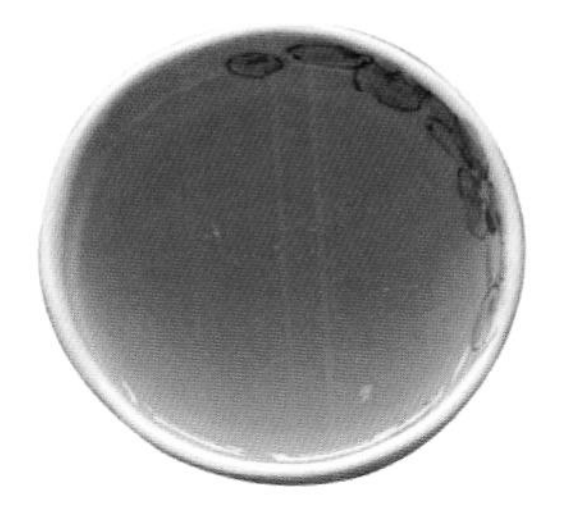

37

大骨汤小馄饨

�配 脆皮肠炒香芹

很多人都好奇我早上几点起床，才可以做出这么丰富的早餐。其实许多食材都是提前一天晚上做好了，冷冻或冷藏保存，早上再热一下就好了。常用工具就是一些有预约功能的小家电，以及保鲜盒等，能为制作早餐节省出不少时间。

借着这道小馄饨，我拍摄了 3 种不同包法的简易馄饨，都是早餐店里最常见的包法，大家学会后也可以包出不输于早餐店的花样。

大骨汤小馄饨

需要材料

大骨棒
猪肉馅
云吞皮
葱
姜
蒜
生抽
醋
香油
白胡椒粉
十三香
盐
鸡蛋
虾皮
紫菜
香菜

准备工作

熬骨汤

1 大骨棒从中间劈开。

扣扣说

一般自家的刀无法切开坚硬的骨头，建议在购买时请店家处理好。

2 烧一锅开水，再煮一壶开水。

3 把大骨棒放入锅中焯一下，去血沫。

4 大骨棒捞出并用温水冲洗干净。

5 大骨棒放入砂锅，倒入煮好的开水，加入姜片、蒜瓣，煮1小时。

6 加一点醋，再煮10分钟。

扣扣说

骨汤中加入一点醋可以使骨头中的磷、钙溶解于汤中，促进钙的吸收。

拌肉馅

7 猪肉馅加姜末、葱末、生抽、香油、白胡椒粉、十三香、盐一起搅打上劲。

8 在拌好的猪肉馅中慢慢加水，一边加水一边使劲搅打，打成水馅。1 2

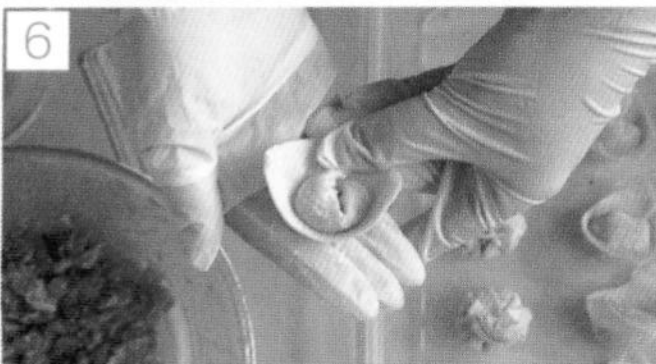

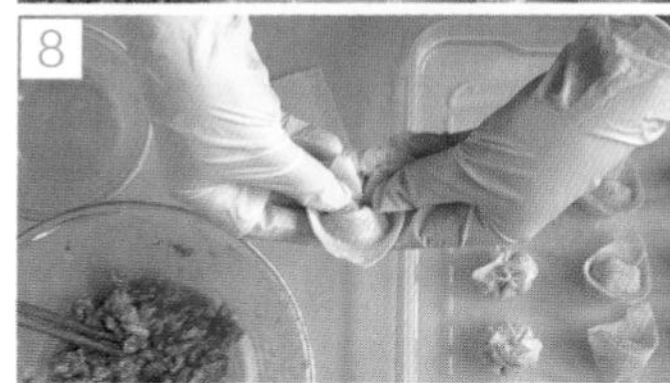

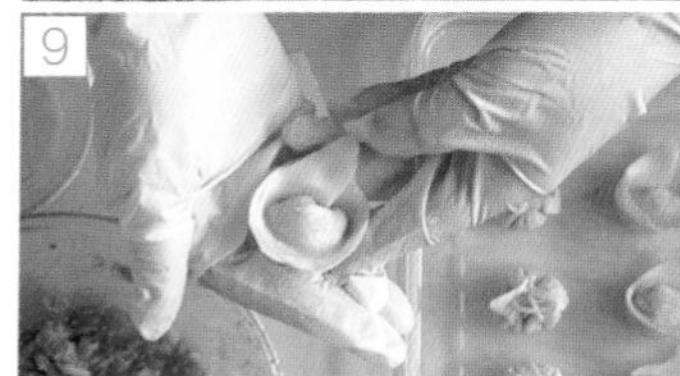

扣扣说

包子和云吞的纯肉馅都要打水，叫作“水馅”。这样包出来的肉馅不发硬，汤汁多。

包馄饨

9 云吞皮包馄饨。

第一种包法 3—6

第二种包法 7—9

第三种包法 10—15

包馄饨
的三种方法

10 包好的馄饨，放进冰箱冷藏保存。16

制作方法

1 将骨汤中的大骨棒捞出，再次烧开骨汤。

2 加入馄饨一起煮，等馄饨都浮起来再煮一会儿就可以了。

3 鸡蛋打散，慢慢加入。

4 加盐，关火。

5 在碗中加一些紫菜碎、虾皮，用汤冲开。最后撒一点香菜末点缀。

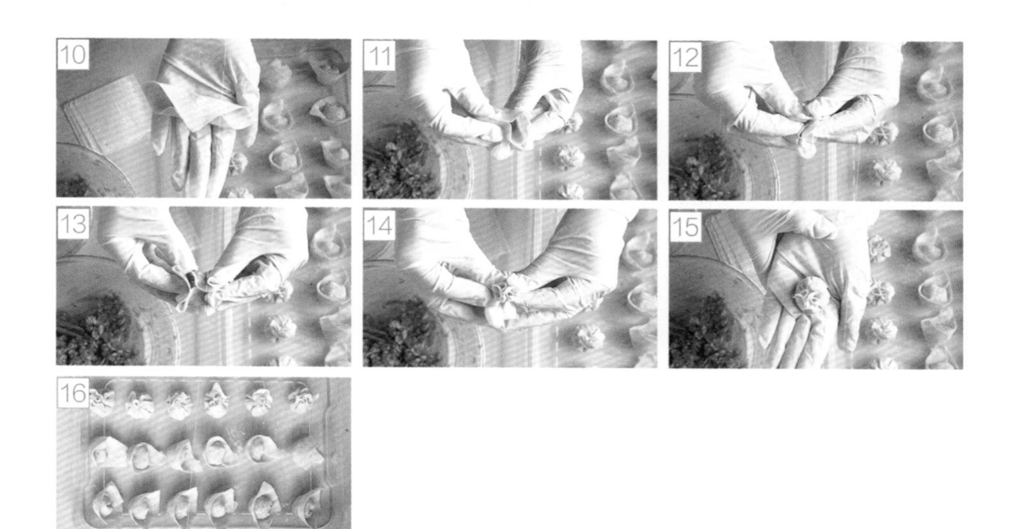

脆皮肠炒香芹

需要材料

脆皮肠
香芹
盐

制作方法

1 脆皮肠切薄片；香芹洗净、切段。

2 热锅凉油，下脆皮肠煸炒，再下香芹翻炒，加少许盐调味，出锅。

扣扣说

脆皮肠本身有味道，香味会一起炒出来，不用放任何调料。

38

番茄海鲜面

番茄海鲜面是我们家的特色打卤面。我们家谁过生日，都会做这个面当长寿面，可见这碗面在我们家的地位了。我做饭从来不放味精或鸡精，食物本身的味道已经很鲜美了，为什么还要再放添加剂呢？

一般我都会多放一些木耳，因为我自身血液病的原因，平时会多吃些木耳排除血液中的垃圾，对身体有好处。妈妈也总是叫我多吃木耳，在妈妈家吃饭，妈妈连做西红柿炒鸡蛋都会放些木耳，看起来虽不搭调，但这就是妈妈的用心，任何对我好的食物，都想尽方法让我多吃。

番茄海鲜面

需要材料

面条
西红柿
猪肉
虾仁
扇贝柱
韭黄
木耳
鸡蛋
生抽
淀粉
盐

准备工作

1 西红柿上面划十字刀，开水烫一下，去蒂去皮，切小丁。

2 猪肉切片，用水淀粉抓一下；木耳泡发、去蒂、撕碎。

3 韭黄洗净、切段。

4 虾仁去虾线。

制作方法

1 热锅放油，先煸炒西红柿，再加入猪肉片和虾仁，加入一勺生抽调味。

2 加入木耳。

3 西红柿出汤、加水、盖锅盖，大火烧开。

4 加适量水淀粉，加入韭黄和扇贝柱。

扣扣说

可以再放其他海鲜，比如皮皮虾肉、鱿鱼卷、贝类，这些易熟的可以晚一点下锅。

5 鸡蛋打散，慢慢加入，最后加盐。

6 另起锅烧水，水沸腾后放入粗面条。再次沸腾后加冷水进去，再重复一次，共加两次冷水煮开。

7 煮好的面条泡入凉水中再捞出。

扣扣说

过凉水的面条更加筋道，有嚼劲。

8 将卤汁浇到面上，拌匀即可。

39

红烧牛肉面

我很喜欢炖牛肉的整个过程，那个满屋飘香的气味，如果走在街上闻到别人家做饭的香味，闻着闻着就走不动道了，还要使劲地闻闻人家到底做的是啥菜。在家里炖牛肉也是这样，锅里咕嘟咕嘟地炖着肉，闻着那香气，还没熟呢，就被孩子预约好了要先吃第一块，趁热吃到嘴里的第一块肉就是最香的。

红烧牛肉面

需要材料

面条
牛腩 ◇◇◇◇◇◇◇ 2斤
白萝卜 ◇◇◇◇◇ 半根
胡萝卜 ◇◇◇◇◇ 2根
青菜
姜 ◇◇◇◇◇◇◇◇◇ 8片
蒜 ◇◇◇◇◇◇◇◇◇ 3瓣
大葱 ◇◇◇◇◇◇◇ 3段
料酒 ◇◇◇◇◇◇◇ 1勺
冰糖 ◇◇◇◇◇◇◇ 15g
红烧酱油 ◇◇◇ 2勺
老抽 ◇◇◇◇◇◇◇ 1勺
黄酒 ◇◇◇◇◇◇◇ 1勺
盐
香菜
香葱

炖牛肉调料包：
孜然
桂皮
橘皮
高良姜
白芷
花椒
八角
小茴香
肉豆蔻
白胡椒粒
丁香

准备工作

1 葱切葱段、姜切姜片、蒜剥成蒜瓣。

2 白萝卜洗净、去皮、切片；胡萝卜洗净、去皮、切块。

3 牛腩洗净、切大块。1

4 牛腩冷水下锅，加入2片姜片、1勺料酒，煮开，去浮沫。2 3

扣扣说

图片的肉沫看着有点恶心，肉都是这个样子，所以这一步不能省略。

5 捞出牛腩，用温水洗净，擦干表面水分。4

6 烧一壶开水。

7 炒锅烧热，放少许油，加入冰糖。待冰糖熔化、冒泡、呈焦糖色时，加入牛腩翻炒，炒至肉外表上色、发黄。5—8

8 放入葱段、姜片、蒜瓣，加入1勺黄酒、2勺红烧酱油、1勺老抽，翻炒均匀。9

9 将炒锅中的食材倒入铸铁锅中，并加入调料包，倒入烧好的开水，大火烧开，转小火炖50分钟。10

扣扣说

自己很难一次买全，就买超市配好的炖牛肉配料就可以了，用纱布包好。

10 加入白萝卜片、胡萝卜块，再炖15分钟，关火，加盐。11 12

扣扣说

可以煮好几个鸡蛋，去皮，泡在卤汤中隔夜入味。

扣扣说

炖好牛肉的汤可以冷冻保存，作为老汤，下次炖肉放入老汤再加入一些新的调料可以继续用，用老汤炖出来的肉更香。

制作方法

1 汤锅煮开水，加盐，烫青菜，捞出备用。 13

2 汤锅中继续下面条，煮开，捞出，过凉水，控水分。 14 15

3 面条中放牛肉汤、牛腩、青菜、香葱末、香菜末。

扣扣说

因为做的是不辣的牛肉面，可按喜好加辣椒油。

40

炸酱面
㊎ 红豆薏米水

《舌尖上的中国 3》来拍摄的时候，摄制人员都是吃我做的早餐，觉得好吃，都不在酒店吃早餐了。这款炸酱面就受到了一致好评。总导演是素食主义者，我就给她单独做了不放肉的素炸酱面，还送了她几袋天津特有的甜面酱。等我再次看见她的时候，已经是初八央视直播大厅里了，她太忙了，为了把节目做到最好，不知道熬了多少个通宵，看着她瘦小的身体，一个女强人坚韧的毅力，我由衷地敬佩她。

炸酱面

需要材料

天津利民甜面酱
去皮五花肉
八角 ◇◇◇◇◇◇◇◇ 4颗
中筋面粉 ◇◇◇ 500g
胡萝卜 ◇◇◇◇◇ 4根
黄瓜
豆芽菜
黄豆
糖
盐

准备工作

炸酱

1 五花肉切小块。

2 锅内多放一些油，放五花肉，炸出多余油脂，捞出备用。

3 油不用盛出，放入4颗八角，小火，把八角炸煳。捞出炸煳的八角。

4 油不用盛出，倒入甜面酱，让油和甜面酱充分地融合在一起，不停搅拌。

扣扣说

倒入甜面酱的时候油温比较高，小心不要被烫到。

5 倒入炸好的肉，加入少许糖，炸酱就做好了。

做面条

6 用3根胡萝卜榨汁。

7 500g 面粉、少许盐加胡萝卜汁，和面。

8 面团放入面条机，压出胡萝卜面条（最好是粗面）。

9 面条上撒上干粉防粘，冷藏备用。

准备菜码

10 黄豆浸泡。汤锅煮开水，煮黄豆，煮熟后捞出备用。

11 胡萝卜洗净、去皮、切丝。

12 黄瓜洗净、去皮、切丝。

13 豆芽菜洗净、去掉两头。

制作方法

1 汤锅煮开水，加少许盐，焯胡萝卜丝和豆芽菜，捞出控水。

2 汤锅中继续下面条，煮开后点一次冷水，再煮开后再点一次冷水。

3 面条捞出，过凉水，控水分。

4 面条中放炸酱，码上黄瓜丝、胡萝卜丝、豆芽菜、黄豆，即可。

扣扣说

菜码可以按自己喜好放，比如菠菜、芹菜、心里美萝卜，都是可以的。

红豆薏米水

需要材料

薏米
红豆
水

制作方法

1 薏米要用炒好的；红豆浸泡。

2 将炒好的薏米和泡好的红豆，一起放入养生壶或汤锅中，煮 20 分钟。

扣扣说

只喝汤，不吃豆，是一个祛湿良方。

41

豆角肉丝炒面
㊞ 蜜红枣、花生牛奶

豆角我是切的斜丝，因为这么切出来的豆角细，好熟。记得还没有孩子的时候，我不太会做饭，那时也做过豆角肉丝炒面，但豆角没焯水也没炒熟，王一万先生吃完后上吐下泻，食物中毒直接进了医院。我想，可能是他觉得不好吃，又不想打消我做饭的积极性，就强忍着吃了，真是好同志啊。从那以后我家再做豆角的时候，都是谨慎小心，该焯水一定焯水，每次吃豆角王一万都会下意识地问一句“熟了吗？”哈哈，真是吃怕了。

豆角肉丝炒面

需要材料

细面条
猪肉
豆角
葱末
红烧酱油
盐

准备工作

1 细面条上面盖上屉布（防止面条被水蒸气弄湿），上蒸锅蒸熟。

2 猪肉切丝。

3 豆角洗净、切丝。

扣扣说

豆角丝容易熟，不用提前焯水。

4 将以上三种食材分别装入保鲜袋，放进冰箱冷藏备用。

制作方法

1 热锅凉油，下葱末炝锅。

2 下肉丝，炒熟。

3 下豆角丝，多炒一会儿，加入红烧酱油翻炒均匀。此时豆角会出一些汤汁。

4 下面条翻炒（面条会吸收汤汁），让面条均匀上色。

扣扣说

面条已经是蒸熟的了，翻炒几下就好。

5 加盐，关火。

蜜红枣

需要材料

红枣
蜂蜜

制作方法

1 红枣洗净，上锅蒸熟。

2 稍冷却后，加入适量蜂蜜搅拌即可。

花生牛奶

需要材料

红皮花生 ◇◇◇ 100g
水 ◇◇◇◇◇◇◇◇◇◇ 适量
牛奶 ◇◇◇◇ 300mL
冰糖 ◇◇◇◇◇◇◇◇ 适量

制作方法

1 将洗净的花生放入破壁机，加水至杯体 1000mL 刻度线。

扣扣说

花生皮补血，不要去掉，一起打浆。

2 选择“养生糊”模式。1 2

3 工作程序结束后会有“嘀嘀”提示声。3

4 打开盖子上的防溢盖，加入冰糖和 300mL 牛奶。4 5

扣扣说

不要全用牛奶不用清水，会很腻，不好喝，水和牛奶的比例可以按喜好随意调节。

5 选择“点动”按钮，两次点动，一次 5 秒即可。6 7

42

拌小面

配 猪肚莲子汤

这个摆盘方法我挺喜欢的，分享给大家。下面放黄瓜，然后是一团一团的面，最上面淋上酱。开始我也挺好奇这面是怎么弄成一团团的，萱萱说就用筷子卷一下就好了，“难道你没看过西游记第一集猴子吃面就是卷啊卷起来的”。我一想，其实闺女小时候不会用筷子吃面条也是这样的。

拌小面

需要材料

肉酱
面条
黄瓜
熟花生
小油菜
盐

扣扣说

肉酱请参见86页酱香饼的肉酱做法。

制作方法

1 将熟花生放入保鲜袋中，用擀面棍压碎。

2 黄瓜洗净、切丝。

3 热锅加适量水，加肉酱炒熟，多留一些汤汁，盛出备用。

4 汤锅煮开水，加盐，烫几根小油菜，捞出备用。

5 汤锅中继续下面条，煮开，捞出。

6 面条中放肉酱、黄瓜丝、花生碎，即可。

猪肚莲子汤

需要材料

猪肚
中筋面粉
姜
料酒
盐
莲子
枸杞

准备工作

1 新鲜的猪肚用盐和料酒搓一搓，再加入面粉一起揉搓，将猪肚搓洗干净。

扣扣说

猪肚一定要搓洗干净，不然会有异味。

2 找一个大小合适的盘子，把盘子塞到猪肚里面。

3 锅内加水煮开，把用盘子撑着的猪肚放锅里过水。

扣扣说

这样处理过的猪肚不会回缩，从而影响口感。

制作方法

1 泡枸杞；烧一壶开水。

2 将处理好的猪肚切1cm左右的细条。

3 砂锅中加入猪肚、姜片、莲子、热水，大火烧开，转小火煮15分钟。

4 加入泡好的枸杞，再煮5分钟。

5 加盐，关火。

43

西红柿鸡蛋猫耳朵
㊞ 竹荪鸡汤

西红柿炒鸡蛋，算是最简单的炒菜了，搭配猫耳朵，增添了一分俏皮。做猫耳朵的时候，萱萱最喜欢参与进来，一起做猫耳朵的时光往往比最终呈现的食物更有意义，也许等我女儿长大也有孩子了，也会和她的孩子一起做猫耳朵吧。

我和我姐姐完全不同。姐姐结婚后基本就不做饭，常去妈妈家蹭饭，或是姐夫做饭。这几年外甥女大了，姐姐也开始学着做饭了，她会做的第一道菜就是西红柿炒鸡蛋，给孩子吃得这个美，妈妈做的，不管味道如何，孩子都觉得好吃。不管孩子将来在哪里，念念不忘的都是故乡的味道、家的味道，那就是妈妈的爱。

西红柿鸡蛋猫耳朵

需要材料

南瓜
中筋面粉 ◇◇◇ 190g
西红柿 ◇◇◇◇◇ 2个
鸡蛋 ◇◇◇◇◇◇◇◇ 2个
香葱
生抽
盐
糖

猫耳朵
的压纹方法

扣扣说

可以做出各种颜色的猫耳朵，用菠菜汁和面是绿色面团，用苋菜汁和面是粉色面团，加红曲粉和面是红色面团，用紫甘蓝汁和面是紫色面团。

准备工作

1 南瓜洗净、去皮、蒸熟，去掉水分留100g南瓜泥。

2 将100g南瓜泥、190g面粉、2g盐混合均匀，揉成光滑的面团，盖上湿布醒面20分钟。

扣扣说

中式面点不同于西式面点，面团没有特别严格的比例要求，按需要揉面，揉到面团光滑、手干净就行了，也不需要揉出筋，一般仅需3~5分钟。

3 面团分两块，在面板上撒一些干粉，把面团擀成厚1cm的面饼。

扣扣说

用木质面板，方便一会儿切小块。

4 把面饼切成1cm见方的小丁，横竖分别切，每一刀要切断。1

扣扣说

有粘连的话说明面团太湿了，多放一些干粉防粘。猫耳朵的面团不能过硬，不好熟；也不能过软，煮出来就是片汤，不筋道。

5 用紫菜包饭的帘子压出有花纹的猫耳朵。在帘子上撒干粉，每一块小面丁用大拇指肚按着向前推，出来的有条纹卷曲的小面团就是猫耳朵了。猫耳朵可以放点干粉，冷藏保存。 2

制作方法

1 西红柿上面划十字刀，开水烫一下，去蒂去皮，切小块。鸡蛋加盐，打散。香葱切末，备用。

2 锅烧热放油，下蛋液，炒碎，盛出备用。

3 锅内再放少许油，放香葱末炝锅，下西红柿块煸炒，放少许生抽调味，出汁后加入鸡蛋碎。如果汤汁太多，可放少许水淀粉勾芡。最后加入盐和糖。

4 另起锅烧水，水开后下猫耳朵，煮开后加一次冷水。

扣扣说

如果面团太厚，需要加两次冷水。

5 所有的猫耳朵都浮起来就是熟了。

6 盛出猫耳朵，浇上炒好的西红柿鸡蛋。

竹荪鸡汤

需要材料

鸡架 ◇◇◇◇◇◇◇◇◇ 1个
竹荪
姜
盐
白胡椒粉
枸杞

扣扣说

用整鸡熬汤有点浪费，鸡架就可以啦！几块钱一个，喝汤就好！

制作方法

1 姜切片。枸杞用清水泡一下。

2 竹荪用淡盐水浸泡几分钟，去掉根部的白圈。

扣扣说

竹荪用淡盐水浸泡是为了去掉竹荪的怪味，不要省掉这步。

3 汤锅烧一锅热水，再用热水壶烧一壶开水。

4 水煮开后下鸡架，去掉血水。

5 捞出鸡架，放入砂锅中，加入刚用热水壶烧好的开水，放入姜片，小火煮 20 分钟。

6 放入竹荪，再煲 10 分钟。

7 加入泡好的枸杞，加盐、白胡椒粉即可。

扣扣说

煲鸡汤的时间需要 30 ~ 40 分钟，建议前一天晚上提前煲好。如果为了方便，可以用电炖锅预约，但是味道没有砂锅煲得好。

浪漫点缀的甜蜜

44

蔓越莓玛德琳
配 煎银鳕鱼、红心火龙果奶昔

玛德琳，还有个名字叫“贝壳蛋糕”。任何一款著名的甜点总会伴随着一个美丽的传说。相传，玛德琳最早出自于波兰，1730年，美食家波兰王雷古成斯基流亡在法国科梅尔西，有一天，他的私人主厨竟然在快上甜点的时候玩失踪，情急之下，有个女仆临时烤了她最拿手的小点心端上去，没想到雷古成斯基很喜欢，于是就以女仆之名命名了这种小点心——Madeleine。

玛德琳类似磅蛋糕的成分，黄油量比较大，属于重油小甜点。黄油不需要提前软化，也不用长时间发酵面团，失败率很低，很适合烘焙新手练习，可以满心欢喜地体验一次烘焙带来的乐趣。观察烤箱中食物的变化过程也许是烘焙带给我们的最大快乐，看着它们慢慢变大、变高，真的舍不得吃进肚子里呢。

ВСЕМІРНЫЙ ПОЧТОВЫЙ СОЮЗЪ. РОССІЯ.
UNION POSTALE UNIVERSELLE. RUSSIE.
ОТКРЫТОЕ ПИСЬМО. — CARTE POSTALE.
TROPICUS CANCRI

蔓越莓玛德琳

需要材料

低筋面粉 ◇◇ 160g
黄油 ◇◇◇◇◇◇◇ 170g
蔓越莓干 ◇◇◇ 50g
全蛋液 ◇◇◇◇◇ 190g
细砂糖 ◇◇◇◇◇ 135g
朗姆酒 ◇◇◇◇◇◇ 20g
盐 ◇◇◇◇◇◇◇◇◇◇◇ 1g
泡打粉 ◇◇◇◇◇◇◇ 3g

1

2

3

4

准备工作

1 蔓越莓干切小块，泡入朗姆酒中。

扣扣说

若没有朗姆酒，也可不泡。

2 黄油用微波炉加热熔化成液态，放至室温。

制作方法

1 全蛋液加细砂糖，用手动打蛋器打散。1 2

2 再加入液态黄油搅拌均匀。3

3 将低筋面粉、泡打粉、盐混合，一起过筛到全蛋糊中，搅拌均匀至无颗粒。4—6

4 泡好的蔓越莓先去除多余的酒液，再放入混合好的面糊中，放入冰箱冷藏至少1小时。7 8

5 取出冷藏的面糊，装入裱花袋，挤入模具，八分满。9 10

扣扣说

不用特意弄平整。轻轻震出气泡。玛德琳模具基本是防粘的，不用刷油；如果是硅胶模具，还是要刷一层薄黄油防粘。

6 烤箱预热180℃，中层，上下火180℃，烤15分钟。11 12

扣扣说

图11是烤3分钟的状态，已经平模具；图12是快烤好的状态，大肚子鼓起，这是玛德琳蛋糕的一大特点。

7 出炉，马上倒扣。13

煎银鳕鱼

需要材料

银鳕鱼 ◇◇◇◇◇◇ 1块
黑胡椒粉
海盐
黄油

制作方法

1 银鳕鱼解冻化开，用厨房纸吸去多余水分。

2 加黑胡椒粉和海盐腌制10分钟。

3 平底锅放入黄油熔化，放入银鳕鱼两面煎熟。

扣扣说

基本方法和煎牛排类似，牛排可以煎五分熟、七分熟，银鳕鱼一定要煎全熟。

红心火龙果奶昔

需要材料

红心火龙果 ◇ 半个
酸奶 ◇◇◇◇◇◇◇ 400g
牛奶 ◇◇◇◇◇◇◇ 100g
蜂蜜 ◇◇◇◇◇◇◇◇ 适量

准备工作

红心火龙果去皮、切块。

制作方法

1 全部食材放入破壁机。1—3

2 选择“点动”按钮，两次点动，一次5秒即可。4 5

3 奶昔上面可以放上喜欢的水果块、麦片装饰。

1

2

3

4

5

45

紫薯华夫饼
配 冰糖荸荠梨水

华夫饼分为泡打粉版和酵母版。常见的泡打粉版的华夫饼我不太爱吃，我做的这个叫比利时华夫饼，是酵母版的，松软好吃，中间可以夹各种喜欢的馅，豆沙、紫薯等。对于烘焙新手来说，可以用这款华夫饼练手，一般不存在失败的风险，就是发酵这一步要处理好，发酵太久会有酸味。

说到发酵让我想起以前的一件趣事。小时候应该是没有酵母的吧，我妈妈做发面都是用老面发的，以前我都不知道酵母这东西，结婚后开始试着做饭，有一次买酵母准备发面，我老公王一万剪开包装袋不小心撒了一些在桌子上，我俩过一会儿看见桌子上一片密密麻麻的小颗粒，以为是家里招虫子了，顿时懵了，密集恐惧症都犯了，使劲地把桌子擦干净。现在想想，多可笑啊，当时的我竟然会把酵母当成小虫子。做事情没有不会的，只有不愿意做的，现在面食是我的强项呢。

紫薯华夫饼

需要材料

可做 8 个

紫薯馅：

紫薯 ◇◇◇◇◇◇◇ 500g

黄油 ◇◇◇◇◇◇◇◇ 35g

细砂糖 ◇◇◇◇◇ 30g

炼乳 ◇◇◇◇◇◇◇◇ 10g

牛奶 ◇◇◇◇◇◇◇◇ 80g

华夫饼：

中筋面粉 ◇◇◇ 180g

鸡蛋 ◇◇◇◇◇◇ 40g

黄油 ◇◇◇◇◇◇ 50g

牛奶 ◇◇◇◇◇◇ 60g

酵母 ◇◇◇◇◇◇◇◇ 2g

细砂糖 ◇◇◇◇◇ 50g

盐 ◇◇◇◇◇◇◇◇◇◇◇ 2g

扣扣说

配方中给出的紫薯馅量比较大，一次可多做点，用不完的冷冻保存。紫薯馅除了当作夹馅外，也可以加牛奶、蜂蜜做紫薯奶昔。

准备工作

紫薯馅

1 紫薯洗净、去皮、切块，蒸熟后趁热压成泥。

2 紫薯泥趁热加入炼乳、牛奶、黄油、细砂糖，搅拌成团状，冷藏保存。

华夫饼

3 黄油用微波炉加热成液态。

4 将中筋面粉、鸡蛋、液态黄油、牛奶、酵母、细砂糖、盐混合，揉成面团。1

扣扣说

手揉约 2 分钟。面团会有些粘手，没有关系，揉匀即可。

5 盖上保鲜膜，发酵 1 小时，发酵到差不多两倍大。2

扣扣说

如果是第二天早上做，也可以盖上保鲜膜放入冰箱冷藏保存。

制作方法

1 从冰箱拿出面团，回温。

2 将面团平均分成8等份。3

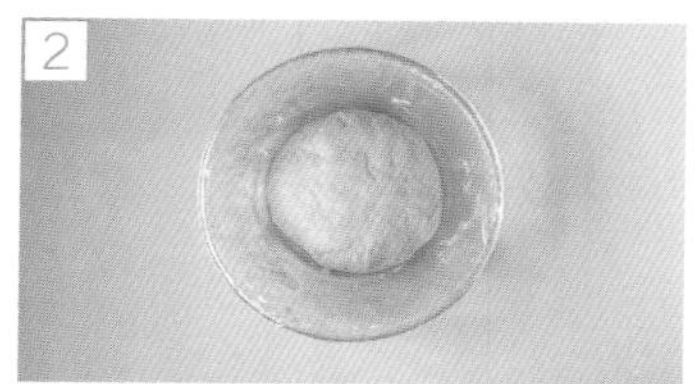

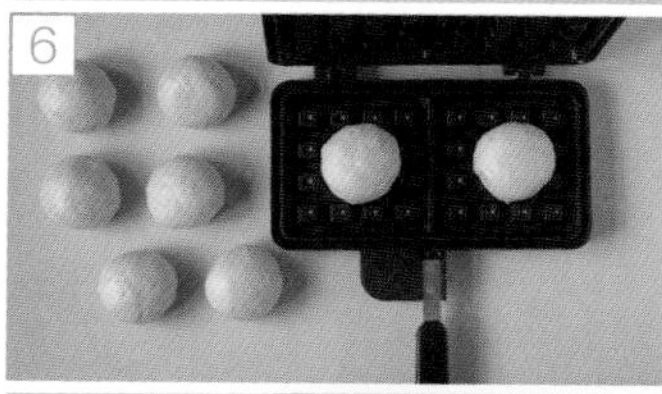

3 紫薯馅每个10g，包入面团中，收口捏紧捏圆。 4 5

4 盖上保鲜膜，发酵15分钟。

5 此时可以预热华夫饼模具。模具无须刷油，两个面团分别放入模具中间的位置。中小火，每一面大约烤2分钟。等模具稍鼓起来，可以打开看下是否呈焦黄色，如果只是黄色即可取出放冷却网冷却。不要叠在盘子里，水汽不容易散发出去。 6—8

6 华夫饼上可以淋上喜欢的酱，再配上喜欢的水果和坚果。

冰糖荸荠梨水

需要材料

梨 ◇◇◇◇◇◇◇◇◇◇ 1个

荸荠 ◇◇◇◇◇◇ 10个

冰糖 ◇◇◇◇◇◇ 适量

制作方法

1 梨切块；荸荠洗净、去皮。

2 锅内烧水，放入梨块和荸荠，煮15分钟。

3 加入冰糖，关火。

46

热狗小面包
㉦ 花生红枣奶露

热狗小面包，也叫肠仔面包，萱萱在面包店里看到后让我给她做。其实早餐我做的西餐比较少，最多的就是面包。面包制作需要很长时间，大概需要 5 小时，所以如果下班比较晚不建议在工作日做面包，可以在周末的时候玩面团。

早上吃面包最大的好处是可以多睡一小会儿，如果有急事需要早出门，我一般就打包让萱萱在车里吃早餐；时间充裕的话，我都尽量让她在家里吃完早餐再出门，在家吃会比在车里吃舒服很多。

热狗小面包

需要材料

高筋面粉 ◇◇◇ 250g
低筋面粉 ◇◇◇◇ 50g
牛奶 ◇◇◇◇◇◇◇ 160g
细砂糖 ◇◇◇◇◇ 30g
鸡蛋 ◇◇◇◇◇◇◇ 1个
酵母 ◇◇◇◇◇◇◇◇◇ 3g
盐 ◇◇◇◇◇◇◇◇◇◇◇ 2g
黄油 ◇◇◇◇◇◇◇◇ 25g
香肠 ◇◇◇◇◇◇◇◇ 8根
沙拉酱
番茄沙司
芝士粉

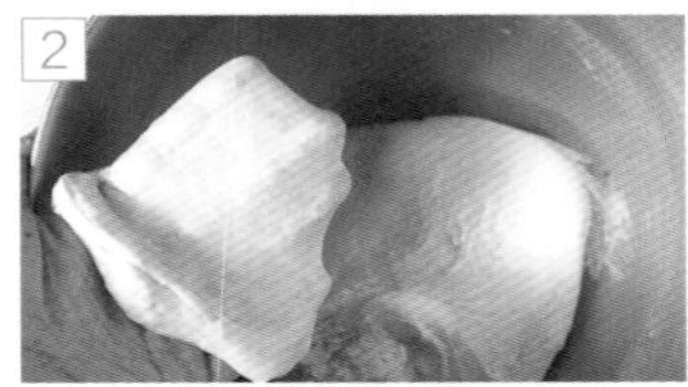

制作方法

1 将250g高筋面粉、50g低筋面粉、160g牛奶、30g细砂糖、1个鸡蛋、3g酵母、2g盐放入面包机，揉面20分钟。1

2 再加入室温软化的黄油，面包机继续揉10 ~ 15分钟，此时面团成可以拉出薄膜的扩展阶段。2

3 盖上保鲜膜，第一次发酵1小时，将面团发酵至原来的两倍大。用手指在中间戳个洞，若洞不回缩就是发酵好了。3 4

4 手揉面团排气，揉充分。

5 将面团分成8个60g左右的小面团，分别滚圆。5

6 盖上保鲜膜，松弛15分钟。6

7 取一个小面团压扁，然后擀成椭圆形。7

扣扣说

长度要长于香肠。

8 擀好后，放入烤盘里，留出间隔，放入烤箱进行二次发酵，约40分钟。

9 放一根香肠在面包中间，轻按下去，按到底。

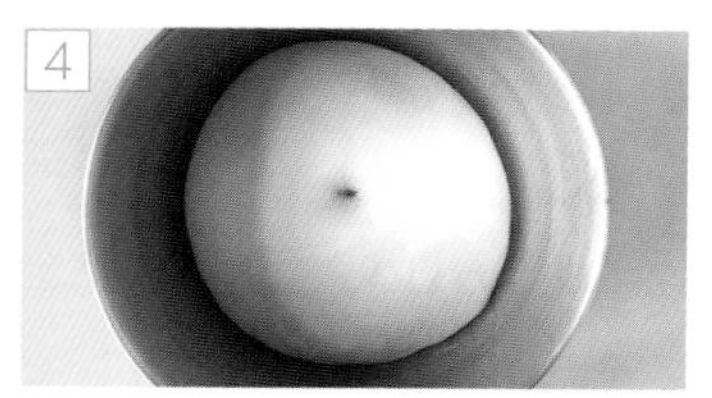

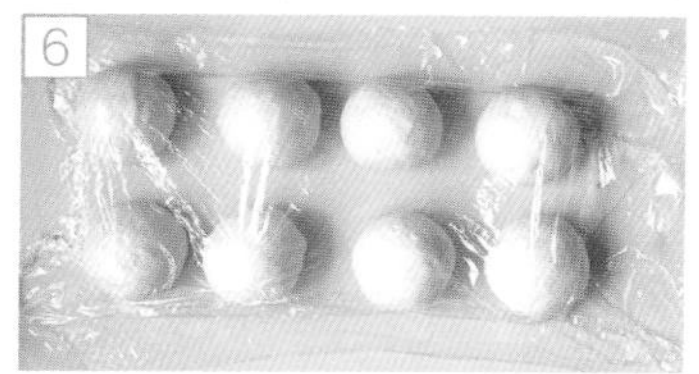

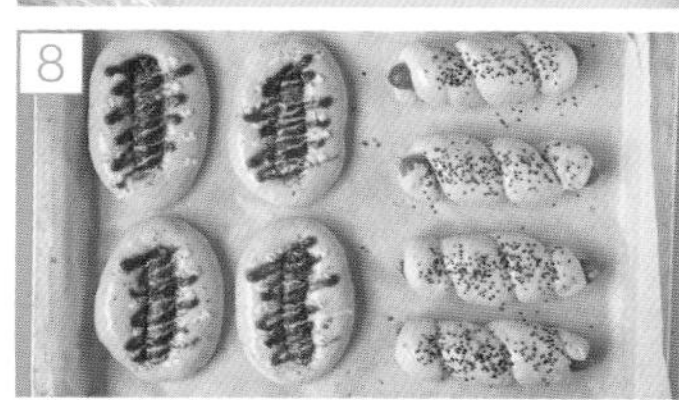

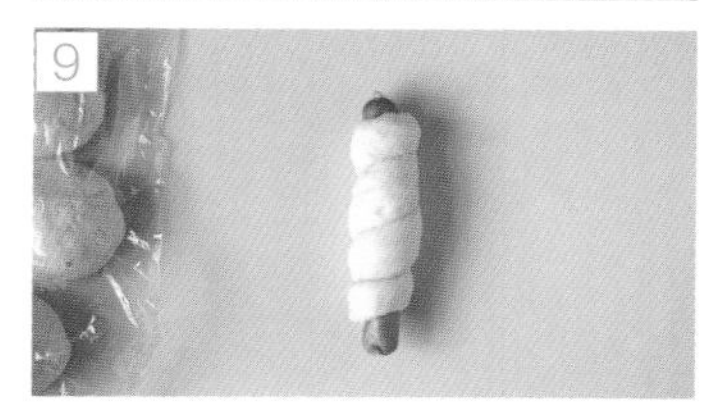

10 在面包表面刷一层全蛋液，挤上沙拉酱，再挤上番茄沙司，可撒上一些芝士粉。8

扣扣说

为了挤得好看些，可以交错地挤酱。

11 烤箱预热 170℃，中层，上下火 170℃，烤 20 分钟。

12 烤好后取出放冷却网。

扣扣说

自家做的面包，牛奶、鸡蛋含量很高，没有任何添加剂、防腐剂，保质期很短。这款面包加入了香肠，更容易变质，所以一次少做点，最好一次吃完。

扣扣说

另一款香肠卷的做法，是把分割好的小面团擀成长约 20cm 的细长条，当然也是需要根据香肠的长度而定，从香肠的一端向另一端一层层往上卷，包裹住香肠，香肠的两端要露出来，刷上蛋液，撒上芝麻，用同样的时间和温度烘烤。这种香肠卷同样适用于中式面点，发好的面用同样的卷法做香肠卷，再上锅蒸熟，蒸出来的香肠卷白白胖胖的。9

花生红枣奶露

需要材料

红皮花生 ◇◇◇◇ 30g
黄豆 ◇◇◇◇◇◇◇◇◇ 20g
红枣 ◇◇◇◇◇◇◇ 10 颗
水 ◇◇◇◇◇◇◇◇◇◇◇ 适量
牛奶 ◇◇◇◇ 300mL
冰糖 ◇◇◇◇◇◇◇◇ 适量

准备工作

1 花生洗净。

2 黄豆泡 4 小时。

3 红枣洗净、去核。

制作方法

1 花生、黄豆、红枣放入破壁机，加水至杯体 1000mL 刻度线。

扣扣说

最好选用红皮花生，红皮花生和红枣具有补血养颜的功效，完美搭配。

2 选择“养生糊”模式。1 2

3 工作程序结束后会有“嘀嘀”提示声。3

4 打开盖子上的防溢盖，加入冰糖和 300mL 牛奶。4 5

5 选择“点动”按钮，两次点动，一次 5 秒即可。6 7

扣扣说

破壁机的预约方法：Jese 破壁机的预约功能为做早餐省去了大部分时间。晚上 10 点预约，破壁机会在早上 6 点工作，即把预约时间设定为 8 小时，等第二天早上 6:30 起床，养生糊已经做好，打开防溢盖，加上冰糖和牛奶即可，快捷方便！

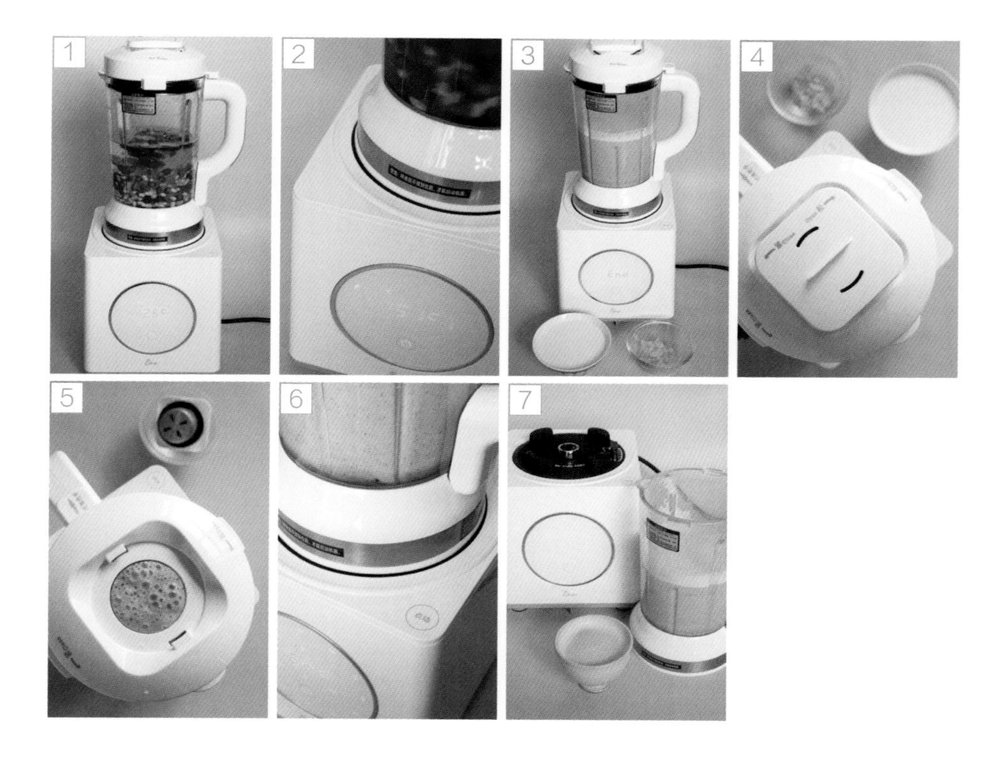
1
2
3
4
5
6
7

47

肉松面包
配 酸奶杯

又一家知名蛋糕店被曝光了，网友纷纷吐槽吃了十几年的肉松面包里原来没有一点肉松，全都是添加剂和豆粉。自己做的肉松就可以狠狠地放、安心地吃。这次新烤的面包太香了，满屋子香气，每次刚烤出来王一万和萱萱就吵着要吃，王一万跟我说过，他小时候去面包店吃过新出炉的面包，人家做一个他就吃一个，最后吃到撑，这么多年都没在外面的面包店吃到过新出炉的面包了，连连夸赞我做的面包好吃。有多少人能吃到热乎乎的面包呢？看到家人趁着热乎吃自己做的面包，真是件幸福的事情！

AUTHENTIC BRAND
VINTAGE
CASUAL PRODUCT

肉松面包

自制肉松

需要材料

猪里脊 ◇◇◇◇ 700g
料酒
姜片
酱油 ◇◇◇◇◇◇◇◇ 30g
蚝油 ◇◇◇◇◇◇◇◇ 10g
盐 ◇◇◇◇◇◇◇◇◇◇◇ 3g
糖 ◇◇◇◇◇◇◇◇◇ 50g
植物油 ◇◇◇◇◇ 40g

制作方法

1 猪里脊顺纹切成片。

2 猪里脊片冷水下锅，加入1勺料酒、2个姜片，煮开，去浮沫。

3 捞出猪里脊片，用温水洗净，擦干表面水分。

4 将猪里脊片放入高压锅，炖20分钟。

5 捞出肉片，放沥网上控干水分，晾凉。

6 顺着肉的纹路撕成一条条的丝。

7 将肉丝放入保鲜袋中，用擀面棍来回压，把肉丝压碎。

8 将压碎的肉丝、酱油、耗油、盐、糖、植物油放入面包机，开启面包机“肉松”功能选项。

9 面包机功能结束后，就是制作完成了，注意不要煳了。

10 取出放凉后，装入无水、密封的保鲜盒中保存。

扣扣说

若想做海苔口味的肉松，可在肉松制作结束前10分钟投入海苔碎。也可在做完肉松后，加入熟白芝麻。我们今天做的面包是不需要放海苔和白芝麻的。

自制沙拉酱

需要材料

蛋黄 ◇◇◇◇◇◇◇◇ 1 个
玉米油 ◇◇◇◇ 220g
白醋 ◇◇◇◇◇◇◇◇ 25g
糖粉 ◇◇◇◇◇◇◇◇ 25g

扣扣说

也可用葵花籽油或稻米油。

制作方法

1 玉米油和白醋都要提前称好，分别装到无水的小碗里。

2 用一个无水无油的盆，把蛋黄加糖粉，用打蛋器打发到蛋黄的体积膨胀、颜色变浅、变成浓稠状态。

扣扣说

用普通打蛋器或电动打蛋器都可以。手打会比较累。

3 慢慢加入少许玉米油，用打蛋器搅打，使油和蛋黄完全融合。

4 继续少量地加入玉米油，边加入边用打蛋器搅拌，蛋黄乳化会越来越浓稠。

扣扣说

每次加入的玉米油一定不能太多，多次少量地加入。

5 加完 1/3 的玉米油时，已经变得很浓稠了，不好搅拌，这时加一小勺白醋进去，再继续搅拌。

6 加入白醋以后，碗里的酱会变得稀一些，好搅拌一些。还是慢慢地加入玉米油，搅拌到浓稠时再加入一点白醋，如此反复，直到最后玉米油和白醋全部加完，这时候的酱还是浓稠的，沙拉酱就做好了。

7 沙拉酱放入小瓶中冷藏保存。

手撕面包

需要材料
一个 8 寸模具的量

高筋面粉 ◇◇◇ 225g
低筋面粉 ◇◇◇◇ 25g
水 ◇◇◇◇◇◇◇◇ 90mL
牛奶 ◇◇◇◇◇◇◇◇ 40g
鸡蛋 ◇◇◇◇◇◇◇◇ 半个
细砂糖 ◇◇◇◇◇◇ 30g
盐 ◇◇◇◇◇◇◇◇◇◇◇◇ 2g
酵母 ◇◇◇◇◇◇◇◇◇◇ 3g
黄油 ◇◇◇◇◇◇◇◇◇ 25g
奶粉 ◇◇◇◇◇◇◇◇◇ 15g

制作方法

1 除黄油外的所有材料放入面包机，揉面 20 分钟。

扣扣说

牛奶若是在冰箱冷藏保存的，要提前拿出来回温。或用微波炉加热到 40℃。

2 再加入室温软化的黄油，面包机继续揉 10 ~ 15 分钟，此时面团成可以拉出薄膜的扩展阶段，盖上保鲜膜。

3 第一次发酵 1 小时，将面团发酵至原来的两倍大。用手指在中间戳个洞，若洞不回缩就是发酵好了。

4 手揉面团排气，揉圆，盖保鲜膜静置 15 分钟。

5 拿出面团，用擀面棍擀成长方形的片状。

6 用刮板先横向划开成一条一条的，再纵向划开成一条一条的，这样便分割成小方块。每个小方块不用大小统一，可以随意分割。

7 模具四周和底部刷黄油液防粘。

8 将沙拉酱装入裱花袋中。

9 把小面团块铺在模具里，第一层不用铺满（因为面团会发酵），挤上沙拉酱，撒上肉松（多撒点）；再铺一层小面团块，再挤上沙拉酱，撒上肉松；一共重复三层。

10 将放好小面团块、挤好沙拉酱、撒好肉松的模具，放入烤箱进行二次发酵，约 40 分钟。

扣扣说

有的烤箱带有发酵功能。若烤箱没有发酵功能，就在烤箱底层放一盆热水进行二次发酵。烤箱相对来说比较密封，容易控制温度和湿度，一般二次发酵控制在温度 38 ℃、湿度 80% 左右的环境中进行。

11 烤箱预热 180℃。中下层，上下火 180℃，烤 35 分钟。不过，这中间烤到第 15 分钟的时候，要取出面包，在面包上放一张锡纸，防止上层的肉松和沙拉酱烤煳。

12 脱模，放凉。

酸奶杯

需要材料

牛奶 ◇◇◇◇◇◇◇◇◇◇ 1L

细砂糖 ◇◇◇◇◇ 100g

益生菌粉 ◇◇◇ 1 袋

制作方法

1 牛奶、细砂糖、益生菌粉搅拌均匀，放入酸奶机，发酵 10 小时。

扣扣说

益生菌粉需要冷冻保存，使用前先从冷冻室拿出来。

2 制作结束后，酸奶还是温热的，需放凉后放入冰箱冷藏。

扣扣说

建议提前一天的早上就要开始制作了，10 小时制作结束正好是晚上，放入冰箱冷藏，第二天早上可以食用。

3 放入自己喜欢的即食麦片、奇亚籽、卷心酥、威化饼都可以。

48

蜜红豆起酥小面包

许多人在入坑烘焙的前期阶段，会盲目地买一大堆模具，对此我想谈谈自己的一些小想法。就像这款小面包，用模具是为了让面包的形状更好看，其实不用模具也是可以的。我建议不要一上来就先买各种模具，先自己练练，等熟练了也确定自己是真心喜欢玩烘焙了再买也不迟。

面包不像饼干那么好做，一两次能把面包做好真是件不容易的事情。做面包最难的就是揉面到扩展阶段，把黄油全部裹在面团里，能拉出漂亮的手套膜甚至是指纹膜。我第一次拉出膜的时候真是太开心啦。不要觉得揉面揉不好是机器设备的问题，买设备之前要考虑清楚，千万不要盲目，我看过太多人花好几千元买完的机器闲置在家不用的情况，一定要理智消费，机器需要由人去发挥它的作用，把食材变成食物，物尽其所能才是好的。

蜜红豆起酥小面包

需要材料

蜜红豆材料：

红豆 ◇◇◇◇◇◇◇ 100g
细砂糖 ◇◇◇◇◇ 60g
水 ◇◇◇◇◇◇◇◇◇ 300g

面包材料：

高筋面粉 ◇◇◇ 320g
低筋面粉 ◇◇◇◇ 40g
酵母 ◇◇◇◇◇◇◇◇◇ 5g
细砂糖 ◇◇◇◇◇◇ 60g
盐 ◇◇◇◇◇◇◇◇◇◇◇ 3g
奶粉 ◇◇◇◇◇◇◇◇ 15g
鸡蛋 ◇◇◇◇◇◇◇◇ 1个
水 ◇◇◇◇◇◇◇◇◇ 200g
黄油 ◇◇◇◇◇◇◇◇ 40g
千层酥皮
白芝麻

扣扣说

酥皮其实就是千层酥皮的一种巧用。

准备工作

制作蜜红豆

1. 100g红豆洗净，浸泡4小时。

2. 加水煮沸后，转小火再煮沸，倒掉水。

扣扣说

第一遍煮沸是为了去掉豆子的生味。煮沸两遍是为了可以更好地将红豆煮糯。

3. 再加300g新水煮沸后，加盖，转小火煮40分钟左右。

扣扣说

泡的时间久一些，煮的时间就会短一些。注意观察豆子是否煮到软糯。也可以用高压锅煮5分钟，不要太久了，太久就成豆沙了。

4. 加60g细砂糖拌匀，小火煮10分钟。注意观察不要煮到干锅。

扣扣说

细砂糖要最后再加，太早加容易煮煳，有苦味。

5. 待汤汁收净，关火，出锅，晾凉，装入保鲜盒保存。

扣扣说

100g干红豆可做出约280g蜜红豆。

扣扣说

蜜红豆与红豆沙的制作方法还是有区别的：蜜红豆必须要泡豆，泡的越久煮的时间越短；红豆沙不用泡豆，因为要用搅拌机打细腻，所以用高压锅更方便。

制作方法

1 将 320g 高筋面粉、40g 低筋面粉、5g 酵母、60g 细砂糖、3g 盐、15g 奶粉、1 个鸡蛋、200g 水放入面包机，揉面 20 分钟。

2 再加入室温软化的黄油，面包机继续揉 10 ~ 15 分钟，此时面团成可以拉出薄膜的扩展阶段，盖上保鲜膜。

3 第一次发酵 1 小时，将面团发酵至原来的两倍大。用手指在中间戳个洞，若洞不回缩就是发酵好了。

4 手揉面团排气，揉充分。

5 将面团分成均等的 12 份，每份大约 62g，分别揉圆。

面团揉圆的方法

6 模具四周和底部刷一层薄油防粘。

扣扣说

我是用冷冻的黄油刷薄油的，黄油切小块，直接用手拿着抹一遍模具就好了，不用提前化开。

7 每个面团包入蜜红豆，整形成小长方形，放入模具中。放入烤箱进行二次发酵，约 40 分钟。1

8 面团发酵好后，在表面刷一层蛋液，再铺上切成长条的千层酥皮，再刷上一层蛋液，用刀片割开两个口子，撒上白芝麻。2

扣扣说

千层酥皮很容易烤得很鼓，割开两个口子就不会起鼓包了，烤出来的造型也会更好看。

9 烤箱预热 180℃，中层，上下火 180℃，烤 15 分钟。

10 烤熟后，脱模。

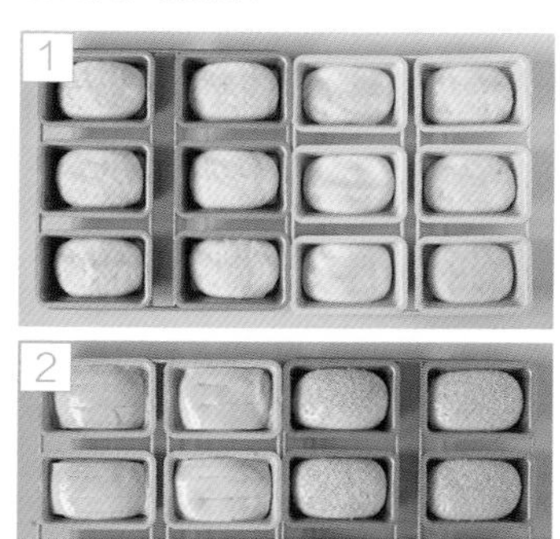

49

法棍
�配 番茄龙利鱼、百香果蜂蜜水

番茄龙利鱼我也说不上算是西餐还是中餐，这么搭配有点奇怪，不过还是把它算作中餐吧，因为我没有放任何的西餐调料，配上一碗米饭吃也很好。龙利鱼在鱼类里营养价值不算很高，品种又遭到众多非议，但它无刺、方便，不会担心刺卡嗓子，用来做鱼丸、鱼片、鱼滑都很方便。

王一万吃鱼很有讲究，他曾多年沉迷于海钓，吃什么样的鱼、吃海鱼不吃河鱼、怎样挑新鲜的鱼，这些他都比我在行。曾经有几次夜里为了钓鱼，他和几个朋友在大风大浪里睡在小船上，都不知道漂到哪里去了，每一次他都以为自己可能回不来了，他说那几个夜晚特别长，睡不着，也害怕。最大的成就感就是钓到过一条长1米多的海鲈鱼，几个人一起拉上来的。现在有了孩子，作为一个男人他多了一份责任感，不会再去那么危险的地方冒险了，为了家庭、为了孩子，放弃了钓鱼这个爱好，多了一份家庭的担当。

番茄龙利鱼

需要材料

龙利鱼 ◇◇◇◇◇◇ 1 条
西红柿 ◇◇◇◇◇ 2 个
番茄酱
糖
盐
黑胡椒粉
玉米淀粉
姜丝
黄油

准备工作

1 龙利鱼解冻化开，用厨房纸吸去多余水分。

2 龙利鱼切块，加盐、黑胡椒粉、姜丝、玉米淀粉腌制 15 分钟。

3 西红柿洗净，上面划十字刀，在沸水中煮一下，即可撕掉皮。

4 西红柿去皮，去根部，切小丁。

制作方法

1 锅内放少许黄油，放入腌制好的鱼块，炒到八成熟，捞出备用。

2 锅内再放少许黄油，放入西红柿丁，煸炒出汁，再加入一勺番茄酱。

扣扣说

加番茄酱是为了增加颜色。

3 加入清水，煮开。

4 加入炒好的鱼块。

5 水淀粉勾芡，加盐、少许糖，出锅。

扣扣说

因为要搭配法棍，我用的是黄油，会有些香味。这道菜也说不好是中餐还是西餐，我是一个典型的“中国胃”，喜欢吃暖的食物。

百香果蜂蜜水

需要材料

百香果
水
蜂蜜

制作方法

1 百香果洗净、切开，挖出果肉。

2 果肉加温水冲开。

扣扣说

水的温度不超过40℃。

3 饮用前加蜂蜜调味。

扣扣说

百香果的储存方法：将百香果果肉全部挖出，放冰块盒里冷冻，冻好后再放保鲜袋里保存。每次拿几块就可以，很方便。

50

奥尔良鸡腿汉堡
㊎ 丝滑奶茶

每周二晚上我要带萱萱上补习班，要提前去才会有好的听课位置，晚饭时间很紧张，就只能带些简单的食物让孩子到学校吃。每次问她想吃什么，她总是要汉堡。

这款汉堡的汉堡坯是自制的，平时我会多做一些冷冻起来，吃之前拿出来解冻一下就可以了。面包的正确储存方法是常温一两天，吃不完就冷冻保存，千万不要冷藏保存，因为冷藏保存的面包会有水汽，不好吃。但脏脏包是个例外，上面沾满了巧克力甘纳许和奶油，是需要冷藏保存的。汉堡里面夹的鸡腿，是用整个鸡腿去骨后的整块肉，把肥的地方和筋去掉，就是一大块鲜嫩多汁的鸡腿肉了，吃起来很过瘾。

奥尔良鸡腿汉堡

需要材料
甜面包基础配方约 4 个

自制汉堡坯：
高筋面粉 ◇◇ 140g
低筋面粉 ◇◇◇ 40g
奶粉 ◇◇◇◇◇◇◇◇ 15g
细砂糖 ◇◇◇◇◇ 35g
黄油 ◇◇◇◇◇◇◇◇ 20g
酵母 ◇◇◇◇◇◇◇◇◇◇ 2g
牛奶 ◇◇◇◇◇◇◇◇ 80g
鸡蛋 ◇◇◇◇◇◇◇◇ 1 个
盐 ◇◇◇◇◇◇◇◇◇◇◇ 2g
生白芝麻

其他：
鸡腿肉
奥尔良调料
生菜
西红柿
千岛酱

奥尔良调料：
生抽
糖
甜椒粉
黑胡椒粉
番茄酱
蒜泥
洋葱碎
味淋

准备工作

奥尔良鸡腿

1 鸡腿去骨，用奥尔良调料腌制，装入保鲜盒，冷藏隔夜。

汉堡坯

2 除黄油、生白芝麻外的所有材料放入面包机，揉面 20 分钟。

扣扣说

牛奶若是在冰箱冷藏保存的，要提前拿出来回温。或用微波炉加热到 40℃。

3 再加入室温软化的黄油，面包机继续揉 10 ~ 15 分钟，此时面团成可以拉出薄膜的扩展阶段。

4 盖上保鲜膜，第一次发酵 1 小时，将面团发酵至原来的两倍大。用手指在中间戳个洞，若洞不回缩就是发酵好了。

5 手揉面团排气，揉充分。

6 将面团分成均等的 4 份，分别滚圆。

7 汉堡模具四周刷一层薄油防粘。

8 滚圆后的面团放入模具里，放入烤箱进行二次发酵，约 40 分钟。

扣扣说

有的烤箱带有发酵功能。若烤箱没有发酵功能，就在烤箱底层放一盆热水进行二次发酵。烤箱相对来说比较密封，容易控制温度和湿度，一般二次发酵控制在温度38℃、湿度80%左右的环境中进行。

9 当汉堡坯发酵到两倍大，在表面刷上一层蛋液，撒上白芝麻。

10 烤箱预热180℃。中层，上下火180℃，烤15分钟。

11 汉堡坯放冷却网上冷却后密封冷冻保存。

制作方法

1 平底锅中放少量油，煎熟奥尔良鸡腿。

扣扣说

奥尔良鸡腿还可以用烤箱烤熟，也可以用空气炸锅煎熟。

2 面包坯从中间切开。

3 西红柿洗净、切片；生菜洗净、擦干水分。

4 面包坯夹生菜、挤千岛酱、放西红柿片、加鸡腿肉即可。

丝滑奶茶

需要材料

红茶包
牛奶
水
炼乳
冰糖

制作方法

1 红茶包加适量水烧开，关火。

2 红茶包泡一会儿后取出。

扣扣说

丝滑奶茶更注重细腻度，为避免红茶包中有茶渣残留，要用筛网过滤一遍。

3 加入牛奶。

扣扣说

牛奶与红茶水的比例依据个人喜好调整，牛奶：红茶水为1:1或者1:2都可以。

4 加入炼乳。

扣扣说

炼乳可以增加奶香，如果没有可以不加。

5 加入冰糖，搅拌均匀。

51

乳酪三明治

㊎ 椰汁芋圆西米露

乳酪三明治，是我在面包店里看到的一款面包，然后回家复制。本来这款三明治在烤制后边缘会有点干，我反复研究了一下，发现在四周沾上蛋奶液再烤就不会那么干了。

我平时太忙了，很少在公开的网络上写制作方法，但我曾在下厨房写过这款三明治的制作方法，看到不断有厨友照着做，能得到大家的认可，真的非常开心，尤其是看到越来越多的妈妈在给孩子做早餐，知道了早餐的重要性，就是我最欣慰的事情。

1 Teaspoon of Goodwill

乳酪三明治

需要材料
可做 1 个

全麦吐司 ◇◇◇◇ 4 片
肉松
甜玉米粒
马苏里拉奶酪
沙拉酱
火腿片
牛奶 ◇◇◇◇◇◇◇◇ 45g
鸡蛋 ◇◇◇◇◇◇◇◇ 45g

扣扣说

牛奶与鸡蛋的用量比例是 1:1。根据鸡蛋重量决定牛奶重量。

制作方法

1 第一片吐司上面，先挤上沙拉酱，再铺肉松。

2 第二片吐司上面，铺甜玉米粒和马苏里拉奶酪。

3 第三片吐司上面，铺火腿片。

4 鸡蛋与牛奶以 1:1 的比例，调成蛋奶液。

5 第四片吐司上面，刷上蛋奶液，最上面铺马苏里拉奶酪，并挤上沙拉酱。

6 把四片吐司按顺序叠起来。面包的四周都刷上蛋奶液。

7 烤箱预热 200℃，烤 10 ~ 15 分钟，表面上色即可。

8 对切成两个三角形。

椰汁芋圆西米露

需要材料

牛奶
椰浆
西米
紫薯
芋头
南瓜
木薯粉
淀粉
细砂糖
冰糖

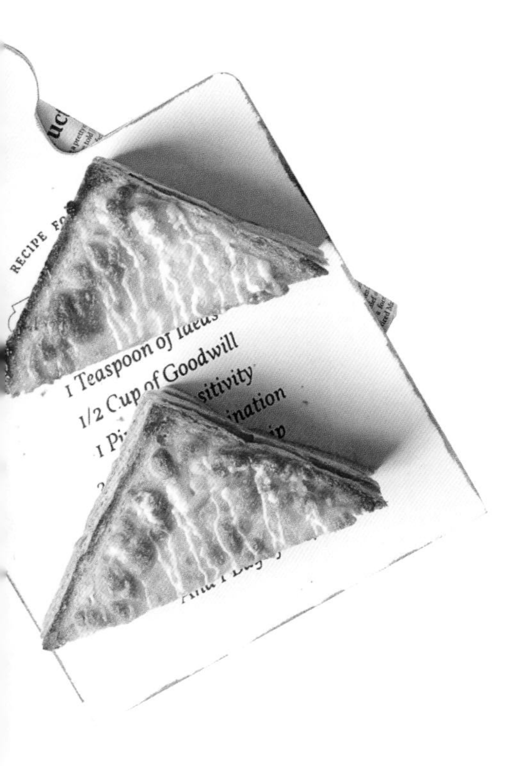

准备工作

三色芋圆

1 紫薯、芋头、南瓜分别洗净、去皮、切块、蒸熟。

2 趁热分别压成泥，分别加细砂糖，分别搅拌均匀。

3 分别加入木薯粉，揉成干的、有弹性的面团。

扣扣说

南瓜的水分多，紫薯、芋头的水分少，所以加入木薯粉的用量也不相同。一定要分次、少量地加入木薯粉。

4 面板上撒淀粉防粘，把三个面团分别搓成细条，切丁。

扣扣说

做多了也没事，可以放冰箱冷冻保存两个月。

西米

1 汤锅中加水煮沸，加入西米，中火煮10分钟。

2 关火，不要打开锅盖，继续焖15分钟。

3 用筛网捞出西米，沥水，用冷水冲洗捞出。

4 将煮好的西米和适量细砂糖装入保鲜盒中，放入冰箱冷藏保存。

扣扣说

这样保存的西米不会粘连。

制作方法

1 汤锅中的水煮沸，加入芋圆，待芋圆全部浮起来后捞出。

2 芋圆放入凉开水中，捞出。

扣扣说

芋圆过凉水，会增加芋圆的弹滑口感。

3 奶锅加热牛奶。

扣扣说

牛奶不必煮沸，煮热就可以了。

4 加入椰浆和冰糖，搅拌。

5 放入煮好的西米、芋圆即可。

扣扣说

可以加入你喜欢的其他食材，比如蜜红豆、烧鲜草、芒果等。

52

吐司比萨
㊎ 水果茶

吐司比萨，是最简单最快捷的早餐之一，如果没有事先准备好材料，就可以做这个。如果不会自制吐司，就买现成的吐司片吧。

这款回民风味水果茶，是一次在回民餐厅里喝到的，很好喝，就回家复制了一下。现在有许多孩子不爱喝白水，爱喝饮料。我真心奉劝各位家长要让孩子少喝瓶装的饮料，真的，每次我去血液研究所检查的时候看到可怜的孩子们我都心痛，曾遇到一个家长就说孩子不爱喝白水、天天喝饮料，现在得了白血病，不能说这是直接关系，但是不喝水，怎么清理身体中的垃圾，怎么血液循环呢？孩子们还小，不懂喝饮料的坏处，我们做家长的就要监督好。如果孩子真不爱喝白水，就给孩子煮点有味道的水果茶吧。

吐司比萨

需要材料

可做 1 个

吐司片
马苏里拉奶酪
培根
豌豆
玉米粒
彩椒
番茄沙司

制作方法

1 培根切片；彩椒切丝。

2 吐司片上先刷一层番茄沙司。

3 再铺一层培根片。

4 撒一些马苏里拉奶酪。

5 再放菜类：豌豆、玉米粒、彩椒。

扣扣说

与比萨的做法相同，要先铺肉再铺菜。做比萨的菜类要选择出水量比较少的菜，烤制过程中若大量出水会影响口感。

6 最上面铺满马苏里拉奶酪。

7 烤箱预热 180℃，中层，上下火 180℃，烤 8 ~ 10 分钟，待奶酪变焦糖色就可以了。

水果茶

需要材料

梨 1 个
葡萄干 一把
山楂片 10 片
冰糖
水

制作方法

1 梨洗净、切块，不用去皮。

2 葡萄干稍泡一下。

3 山楂片洗净。

4 将全部材料放入养生壶，选择“养生茶”模式，煮 20 分钟左右。

扣扣说

电动的养生壶使用方便，在使用过程中可以做别的事情。如果是用小锅煮，要使用煤气或者电陶炉烧，需要经常看看，调大小火，比较耗费精力。

53

夏威夷比萨
㊏ 核桃杏仁奶露

我爸爸也很爱吃比萨，每次我都会做两个，一个自家吃，一个给爸爸带去。听妈妈说，爸爸喜欢我做的面包、蛋糕、饼干，吃惯了我做的，已经吃不惯外面蛋糕店卖的了。我做的好吃，是因为食物里传递了爱吧。

核桃杏仁奶露用的都是坚果，益智，和牛奶一起打汁，好喝又有营养，是外面卖的勾兑饮料无法相比的。

做了这么久早餐，我越发觉得不要小看它，一顿丰富的早餐不仅能填饱肚子，还能激活大脑，提高一天的能量呢。

EAT CAKE.

夏威夷比萨

需要材料
可做3个

高筋面粉 ◇◇ 210g
低筋面粉 ◇◇◇ 90g
水 ◇◇◇◇◇◇◇ 195mL
橄榄油 ◇◇◇◇◇ 20g
细砂糖 ◇◇◇◇◇ 15g
酵母 ◇◇◇◇◇◇◇◇ 3g
盐 ◇◇◇◇◇◇◇◇◇◇ 1g
奶粉 ◇◇◇◇◇◇◇◇ 12g
比萨酱
马苏里拉奶酪
菠萝
烟熏火腿片
黑胡椒粉
芝士粉
沙拉酱

扣扣说

配方中给出的是3张八寸比萨的量，多做的比萨底可以装在保鲜袋里放冰箱冷冻保存。

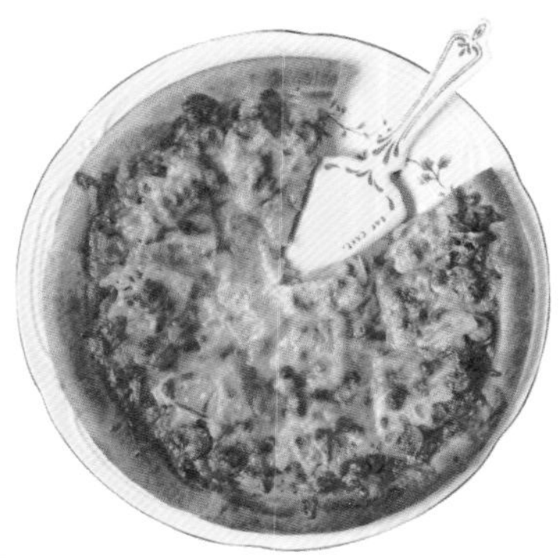

制作方法

1 将210g高筋面粉、90g低筋面粉、195mL水、20g橄榄油、15g细砂糖、3g酵母、1g盐、12g奶粉放入面包机，揉面20分钟，揉到可以拉出薄膜的扩展阶段，盖上保鲜膜。

2 第一次常温发酵1小时，将面团发酵至原来的两倍大。用手指在中间戳个洞，若洞不回缩就是发酵好了。

3 手揉面团排气，揉充分。

4 将面团分成3等份，分别滚圆，盖上保鲜膜，醒发15分钟。

5 醒发好的面团放在案板上，用擀面棍擀开。

6 烤盘上刷一层薄油防粘。将面团放入8寸烤盘中，在烤盘中整形，中间薄、四周厚，可以用手掌的力量按压面团四周。

7 面饼中间用叉子扎小孔。

扣扣说

和做酱香饼的饼底一样，防止烤的时候起鼓包。

8 先刷自制比萨酱（见284页意大利面酱的做法），若没有就直接刷番茄沙司。

9 马苏里拉奶酪擦丝；菠萝切薄片。

10 铺上一层火腿片，撒黑胡椒粉，再撒上马苏里拉奶酪，再铺上一层菠萝片，撒满马苏里拉奶酪，最上层撒一些芝士粉，挤上沙拉酱。

11 烤箱预热200℃，中层，上下火200℃，烤15分钟。注意观察，马苏里拉奶酪都熔化了、比萨上色了就可以了。

扣扣说

早上为了节约时间，可以晚上烤好后装入保鲜袋保存，早上烤箱150℃烤5分钟即可。

核桃杏仁奶露

需要材料

核桃仁 30g
杏仁 20g
水 适量
牛奶 300mL
冰糖 适量

准备工作

1 杏仁洗净。

2 核桃仁洗净。

制作方法

1 杏仁、核桃仁放入破壁机，加水至杯体1000mL刻度线。

2 选择“养生糊”模式。1

3 工作程序结束后会有“嘀嘀”提示声。

4 打开盖子上的防溢盖，加入冰糖和300mL牛奶。2 3

5 选择“点动”按钮，两次点动，一次5秒即可。4 5

1
2
3
4
5
启动

54

牛排
㊎大薯

做牛排的配菜用到了迷你胡萝卜，记得我第一次吃是 2014 年去美国旅游时吃的。王一万任司机，全程自驾，都是他一个人开车，最长一天开了 10 小时，真的很辛苦，全靠迷你胡萝卜当零食续命了，一边开车，一边嘎嘣咬着吃，清脆、甘甜，不仅可以填饱肚子，还能缓解困意。

《舌尖上的中国 3》播出后，有网友看到我们自驾游美国，觉得我们很有钱，其实真不是的。我们家其实并不多么富裕，每次的出行花销也不少，我们常常都是用信用卡透支去旅游，回来以后再慢慢还信用卡，等信用卡还清了，我们又会开启下一次的旅行计划。我觉得是每个人的生活态度不同吧，老公想在我身体条件还可以、孩子学业压力还不大的时候，全家人能多出去走走，带我看看这个世界的美好。趁着年轻去看看大千世界，心境也会敞亮，不要等老了走不动了，还哪里都没有去过，会后悔的。我的电脑里都是美食照片，王一万的电脑里都是美景照片，这就是我们家的爱好，正因为有了爱好，才有了我们家的美好生活。

牛排

需要材料

牛排 ◇◇◇◇◇◇◇◇ 1块
黑胡椒粉
海盐
黄油

扣扣说

不要买合成牛排，首选菲力牛排、西冷牛排、肉眼、T骨这几种原切牛排。

制作方法

1 牛排解冻化开，用厨房纸吸去多余水分。

2 加黑胡椒粉和海盐给牛排按摩，腌制10分钟。

3 平底锅放入黄油熔化，放入牛排两面煎熟。

扣扣说

牛排可以按自己喜好，煎成五分熟、七分熟。

大薯

需要材料

土豆
淀粉
盐
番茄沙司

扣扣说

买大点的、椭圆形的新鲜土豆。

制作方法

1 土豆洗净、去皮，切成宽度约1.5cm的长条。

2 切好的土豆冲水，把表面的淀粉去掉。

3 汤锅加水烧开，将土豆放入开水中，大火煮熟，大概2～3分钟。

4 煮过水的土豆用筛网捞出，控干水分，铺开晾凉。

5 拿个大点的盘子，把土豆条铺开平放。

6 放入冰箱冷冻1小时左右，变硬后取出，拌上薄薄的一层淀粉。

7 继续冷冻 2 小时以上，冻硬就可以拿出来炸了。

8 去掉多余的淀粉，倒入油锅中炸至金黄。

9 趁热撒上细盐，蘸番茄沙司吃。

扣扣说

也可以使用空气炸锅。薯条表面刷一层薄油，放入空气炸锅以 180℃炸 8 分钟即可。薯条要趁热食用，才是外酥内软；凉了的薯条就面了，吃起来很油腻。

55

贝壳牛排意面
�鲜榨橙汁

这组早餐曾在《时尚健康》杂志上介绍过，非常适合当作周末懒床的早午餐。萱萱也是因为这个贝壳意面才知道原来意面有这么多形状，直条、贝壳面、螺丝面、通心粉等。意面选用的是小麦里最硬质的品种制作而成，蛋白质高、筋度高、耐煮、口感好。小麦是个特别神奇的食材，每个地区产的硬度不一样，它自身一层层每个部分可以用来做不同的面点，面包、饼干、蛋糕、馒头、意面……感谢大自然的恩惠，赋予了食物爱和能量。

贝壳牛排意面

需要材料

牛排 ◇◇◇◇◇◇◇◇◇ 1块
黑胡椒粉
海盐
黄油
贝壳意面
黑胡椒酱
欧芹碎

制作方法

1 牛排解冻化开，用厨房纸吸去多余水分。

2 加黑胡椒粉和海盐腌制10分钟。

3 平底锅放入黄油熔化，放入牛排两面煎熟。

4 将煎好的牛排切成1cm的方块。

5 汤锅烧水，水开后下贝壳意面，煮12分钟。盛出，控水，备用。

6 平底锅加热，放入黄油，放入煎好的牛排块，再放入黑胡椒酱，最后放入煮好的贝壳意面，翻炒均匀即可。

7 装盘，撒上一些欧芹碎。

鲜榨橙汁

需要材料

橙子

制作方法

新鲜橙子用手动榨汁机压汁。

扣扣说

我们一家三口要压8～9个橙子。橙子我不喜欢打汁，打汁出来的味道和压出来的味道不一样，压出来的橙汁更纯。

56

虾仁意面

㊞时蔬小炒、黑糖奶茶

要问萱萱最喜欢吃的东西是什么，非意面莫属了。趁着返校日，做一份充满爱的意面，让孩子精神焕发地迎接新学期吧。这个意面酱是我自己熬的，也可以当作比萨酱用。正宗不正宗，姑且不论，孩子爱吃这个味道，就是好的！

奶茶是我家最常喝的饮料之一。因为萱萱从小对牛奶过敏，乳糖不耐受，对牛奶的味道一直很抗拒；现在不过敏了，还是不喜欢牛奶的味道。我就变着花样地掺牛奶，让她多摄入点奶源。我煮的奶茶萱萱就很喜欢，一闻到煮奶茶的味道就开心，这样让孩子愉快地喝奶茶也是一样好啊。

虾仁意面

需要材料

意大利面酱：

西红柿 ◇◇◇◇ 500g
蒜 ◇◇◇◇◇◇◇◇◇◇ 5 瓣
洋葱 ◇◇◇◇◇◇ 100g
黄油 ◇◇◇◇◇◇◇◇ 30g
盐 ◇◇◇◇◇◇◇◇◇◇ 10g
糖
黑胡椒粉
罗勒
比萨草

其他：

青虾
味淋
黄油 ◇◇◇◇◇◇◇◇ 20g
盐
意面 ◇◇◇◇◇◇◇ 一把

扣扣说

意大利面酱也叫作比萨酱，用来做比萨底酱，代替番茄沙司。我这个方法做出的意面酱是按照喜好改良的，适合孩子的口味，并不正宗。

准备工作

意大利面酱

1 西红柿上面划十字刀，开水烫一下，去蒂去皮，切小块。

2 蒜压蒜蓉，洋葱切小丁。

3 锅烧热，放黄油，等黄油完全熔化，放入洋葱丁和蒜蓉，炒出香味；再放入西红柿大火翻炒，令西红柿出汁水。

4 放入少许糖，黑胡椒粉，罗勒、比萨草各一小勺，不要放多了，盖上锅盖中小火熬 20 分钟。

5 打开锅盖，加入盐，收汁，出锅。

扣扣说

如果是做意面，最后收汁的时候需要留一些汤汁；如果是做比萨底酱，尽量收汁成酱。做出来的酱如果吃不完，可以放在冰箱里冷藏保存一周。

制作方法

1 青虾剥壳、去虾线，用少许味淋腌制 10 分钟（去腥），再用厨房纸擦去多余水分。

扣扣说

用牛肉末代替虾仁也是可以的，意面大部分是用牛肉末做的。

2 锅烧热，加入另外的 20g 黄油，待黄油熔化后放入虾仁。

3 虾仁卷曲变色后，放入熬好的意面酱，根据口味适当加盐。

4 另起锅烧水，水开后下意大利面，煮开后关火。将面盛到盘中，浇上炒好的虾仁意面酱。

扣扣说

意面有很多种，直条的、螺旋的、贝壳的、蝴蝶的，每一种面的煮制时间不一样，可参照所购意面包装背面的说明，一般来说是水烧开后煮 10 ~ 12 分钟。

时蔬小炒

需要材料

豌豆
胡萝卜
玉米粒
脆皮肠
虾仁
糖
盐

准备工作

1 胡萝卜切小丁，装入保鲜袋放进冰箱冷藏保存。

2 脆皮肠切小丁，装入保鲜袋放进冰箱冷藏保存。

制作方法

1 热锅，加少量油，把豌豆、胡萝卜、玉米粒、脆皮肠、虾仁入锅翻炒。

2 加盐、糖，出锅。

扣扣说

做意面用到的虾仁（用味淋腌好的）有多余，随手放几个进去。

黑糖奶茶

需要材料

红茶包
牛奶
水
炼乳
黑糖

制作方法

1 红茶包加适量水烧开，关火。

2 红茶包泡一会儿后取出。

3 加入牛奶。

扣扣说

牛奶与红茶水的比例依据个人喜好调整，牛奶：红茶水为1:1或者1:2都可以。

4 加入炼乳。

扣扣说

炼乳可以增加奶香味，如果没有可以不加。

5 加入黑糖，搅拌均匀。

童趣满满的小零嘴

57

脆皮肠小丸子
㊎银耳莲子百合羹

外面卖的叫“章鱼小丸子”，我们家的是“脆皮肠小丸子”。因为萱萱说章鱼咬不动，我就专门为她改良了一下。

这个模具挺便宜的，而且操作起来也很简单，我用了好几年了。有时还能拿这个模具做街边小吃“鹌鹑蛋串串”，也是萱萱的最爱。

搭配的银耳莲子百合羹对皮肤很好。银耳富含胶原蛋白，常喝也可以让皮肤充满弹性。

脆皮肠小丸子

需要材料

脆皮肠
卷心菜
低筋面粉 ◇◇◇ 100g
澄粉 ◇◇◇◇◇◇◇◇ 15g
泡打粉 ◇◇◇◇◇◇◇ 1g
鸡蛋 ◇◇◇◇◇◇◇◇ 1个
盐 ◇◇◇◇◇◇◇◇◇◇◇◇ 1g
水 ◇◇◇◇◇◇◇ 130mL
番茄沙司
沙拉酱
照烧酱
海苔碎
木鱼花

准备工作

1 脆皮肠切小丁，卷心菜切细碎，分别装保鲜袋冷藏保存。

2 鸡蛋加盐，打散。在蛋液中加入过筛后的低筋面粉、澄粉、泡打粉以及水，搅拌成无颗粒的面糊，盖上保鲜膜，放入冰箱冷藏。

扣扣说

如果是早上起来做，面糊需要静置1小时再使用。

制作方法

1 模具烧热，用刷子在模具内刷一层薄油。倒入面糊至八分满的状态。撒卷心菜碎，撒到孔的外面也不要紧。再在上面放脆皮肠丁。

2 用小工具把小丸子翻个，把周围多余的卷心菜全部翻到下面去。这时候小丸子下面还是会有点空，不够圆，可以再加一些面糊到最下面，与卷心菜、脆皮肠丁融合在一起。等面糊凝固，继续用小工具翻动每一个小丸子，把不圆的地方再加入一些面糊。等表面呈金黄色就是熟了。全程用中小火。

扣扣说

我用的是一根金属棍。没有金属棍的话，就用小木棍代替，方便来回翻面用。铲子和筷子都不太好使。

3 装盘，加调料。挤上番茄沙司、沙拉酱、照烧酱，撒海苔碎和木鱼花，芥末自选。

银耳莲子百合羹

需要材料

银耳
莲子
百合
冰糖

准备工作

银耳、莲子、百合一起泡。

制作方法

1 泡好的银耳去蒂撕碎，和莲子、百合、适量水，一起放入电炖锅，煮粥功能预约 10 小时。

扣扣说

银耳一定要煮出胶，我喜欢吃软糯的银耳羹。电饭锅和高压锅都没有电炖锅熬出来的银耳味道好。电炖锅属于隔水慢炖，10 小时不算长，我一般是炖 12 小时，电炖锅最长只能设置到 10 小时，我在睡前会再调一次时间。因为炖的时间比较久，这一步一定要算好时间，前一天准备晚饭的时候就要炖上了。

2 炖好的银耳莲子百合羹很糯，再加些冰糖。

扣扣说

想放红枣的话，就早上起来再放入电炖锅中，炖 30 ~ 60 分钟就可以了。如果红枣和银耳、莲子、百合一起放入的话，会把枣炖烂。

扣扣说

选择用电炖锅的原因：一是可以保持食材的原汁原味；二是电炖锅比其他锅有一些优点。

× 电饭锅：炖的时候容易溢出来，弄的满处都是；电饭锅还得煮米饭，炖羹的话会占用一个锅。

× 高压锅：大材小用，而且熬不出胶。

× 普通锅：太麻烦，要一直盯着，浪费时间。

√ 电炖锅：机器便宜，好用，不溢出，不用盯着，可以熬出胶。有一点需要提醒，如果炖 12 小时，中间需要往锅里加一次水，隔水炖 6 小时的时候水会耗尽。

58

鸡蛋仔

㊎柠檬水

学校门口经常有摆摊卖鸡蛋仔的，萱萱有时也想吃，我就跟她说：“妈妈会做，咱回家吃，想吃啥味咱就做啥味。”谁叫我是孩子心里的魔法师呢！

鸡蛋仔是香港著名的小吃，现在商场里甜点饮料铺都有卖，有巧克力的、原味的，里面可以卷上冰激凌，放很多水果，馅料丰富，造型也好看。自己在家做，随意搭配，想放什么就放什么，把配料摆得高高的，一口咬不下去的才好。

鸡蛋仔

需要材料

可做 5~6 个

低筋面粉 ◇◇◇ 140g
木薯粉 ◇◇◇◇◇ 30g
鸡蛋 ◇◇◇◇◇◇◇ 2 个
泡打粉 ◇◇◇◇◇◇◇◇ 7g
细砂糖 ◇◇◇◇◇ 120g
牛奶 ◇◇◇◇◇◇◇◇ 30g
水 ◇◇◇◇◇◇◇ 140mL
无味油 ◇◇◇◇◇ 30g

配料：

酸奶
熟麦片
水果
冰激凌
威化饼
巧克力

扣扣说

无味油指玉米油、稻米油，不要用花生油。最好还是用木薯粉，木薯粉是用来做芋圆的粉，会出来弹牙的口感，如果实在没有就用玉米淀粉代替。

准备工作

1 鸡蛋中分次加入 120g 细砂糖打散，加入油、水、牛奶混合均匀。

2 加入过筛的低筋面粉、泡打粉、木薯粉。

3 面糊搅拌均匀至没有颗粒。

4 盖上保鲜膜，放入冰箱冷藏备用。

扣扣说

如果是早上起来做，面糊需要静置 1 小时再使用。

制作方法

1 把模具双面烧热，上下都刷一些薄油。

2 倒入面糊至五分满的状态。

扣扣说

面糊一定不要超出模具，因为用了泡打粉，加热后会膨胀。

3 先停留几秒单面加热，再盖上盖子，不然会流出来很多面糊，做出来的鸡蛋仔也不够饱满。

4 迅速翻面，多余的面糊会流到模具的另外一面。一直保持中小火，两面各烙 1 ~ 2 分钟，看颜色有点发深就可以了。

5 出锅，直接倒在冷却网上。

扣扣说

倒不出来的话，就用工具辅助一下。刚出锅的鸡蛋仔是软的，放冷却网上一会儿表皮就变脆了。

6 如果要整形，就要趁热的时候马上卷起来定型，放在冷却网上一会儿就可以固定成形了。可以在里面夹水果、冰激凌等配料。

柠檬水

需要材料

柠檬
水
蜂蜜

制作方法

在凉白开中放入柠檬片，再加点蜂蜜。

扣扣说

柠檬切片后，会很自然地漂在杯子上面，很好看！千万不要用开水直接冲蜂蜜！

59

馒头汉堡
㊎ 薏米绿豆粥

馒头汉堡，盖有 Hello Kitty 印章，是模仿麦当劳的胡巴特定款汉堡做的。过年带萱萱看电影《捉妖记 2》，看到门口有胡巴印章的汉堡广告，不用问了，肯定是要吃啊。我说“妈妈会做，你相信吗？妈妈会做 Hello Kitty 的，就你一个人有，他们都没有！”“嗯，我相信！”最后做出来了，我在孩子的心里就是神通广大、法力无边了呀！

我经常会陪萱萱看电影，动画片、科幻片、喜剧片，不知道陪她看了多少部。电影也可以让孩子长见识，让孩子的眼光不那么短浅。有一次萱萱和我说，老师在课堂提了一个问题，正好她在电影里看到过，就很兴奋地回答出来。老师说，看电影也是有好处的，于是萱萱就自豪感爆棚。

现在我们一家三口的三人世界远比当初的二人世界更精彩。那时，我好像基本忘了玩和看电影这些娱乐项目，现在跟着孩子我又重温了自己的童年。

馒头汉堡

需要材料

圆馒头
瘦猪肉馅或牛肉馅
中筋面粉
黄油
蒜
洋葱
料酒
盐
黑胡椒粉
鸡蛋
西红柿
生菜

准备工作

1 黄油用微波炉加热熔化成液体。

扣扣说

用黄油是为了增加香味。如果不喜欢黄油，或是家里没有黄油，可以用有点肥的肉来代替。

2 蒜压成蒜蓉；洋葱切末。

3 肉馅中放入黄油液、鸡蛋、料酒、中筋面粉，一个方向搅拌上劲。

4 最后放入蒜蓉、洋葱末、盐、黑胡椒粉搅拌均匀，备用。

制作方法

1 煎蛋：鸡蛋尽量煎圆，可以用模具辅助。

2 烤箱预热200℃。

扣扣说

如果没有烤箱，也可以用煎锅煎肉饼。

3 肉馅压成1cm厚的圆形肉饼，放在不粘烤盘上。

扣扣说

肉饼的大小取决于你准备的馒头大小，尽量做成和馒头的直径一样长度的。如果没有不粘烤盘，就要铺锡纸。

4 肉饼先烤12分钟，中间拿出来翻面再烤8分钟。

5 圆馒头中间切一刀；西红柿切片；生菜洗净，控去多余水分。

6 组合汉堡：从下往上的摆放顺序为馒头片→生菜→西红柿片→煎蛋→烤肉饼→馒头片。

扣扣说

属于中式做法的馒头汉堡，可以在中间夹一些酱料，比如烤肉酱、甜面酱都可以，但是不太适合放芝士片、番茄沙司这些西式酱料。

薏米绿豆粥

需要材料

绿豆
薏米
冰糖
水

制作方法

1 绿豆和薏米泡 2 小时。

2 加水煮开，关火焖一下；再开火煮开，煮到绿豆开花变浓稠。

3 关火，加入冰糖。

60

土豆胡萝卜鹌鹑蛋饼
配 小吊梨汤

2018 年 7 月，开启了我们的新疆自驾之行，从天津到新疆共计 11000 多千米的路程，往返 26 天。旅行，最头疼的就是吃的问题，地域的差异，口味的不同，多少都让人不太适应。出门在外，很少能吃得满意，尤其是早餐。

我们住的酒店的早餐千篇一律，基本都是粥、小菜、白煮蛋，稍微起晚点就没有早餐吃了。偶尔一次外出吃早餐，早餐铺的老板娘做了这个土豆丝饼，刷的是蒜蓉辣酱，味道还真不错呢。另外还点了一份有点奇怪的馄饨，是西红柿加鸡蛋加青菜，里面放了馄饨，虽然味道还可以，就是这做法真是第一次见。

早上，只要吃得饱饱的，喝得暖暖的，就很满足。不过，出门在外，吃饭最最重要的一定还是卫生，不要吃坏肚子！

The Little Prince

土豆胡萝卜鹌鹑蛋饼

需要材料

土豆
胡萝卜
鹌鹑蛋
火腿肠
葱
白胡椒粉
盐
淀粉
番茄沙司

准备工作

1 土豆洗净、去皮、擦丝；胡萝卜洗净、去皮、擦丝。

2 火腿肠切小丁；葱切末。

3 土豆丝、胡萝卜丝、葱末混合，加入淀粉、盐、白胡椒粉搅拌均匀，静置10分钟。

扣扣说

放入盐后静置，可使土豆丝、胡萝卜丝变软。

制作方法

1 平底锅放油，把拌好的土豆丝和胡萝卜丝铺成花环型，中间部分留出空隙。

2 中间空隙部分打入一个鹌鹑蛋，放入几粒火腿丁。

3 待下层定型后快速翻面，至两面全熟即可出锅

4 出锅后，挤上番茄沙司。

扣扣说

也可以用蒜蓉辣酱加甜面酱代替番茄沙司。

小吊梨汤

需要材料

雪花梨 ◇◇◇◇◇◇ 1个
九制话梅 ◇◇◇ 5颗
银耳 ◇◇◇◇◇◇◇◇ 半朵
枸杞 ◇◇◇◇◇ 一小把
冰糖 ◇◇◇◇◇◇◇◇ 适量

准备工作

1 银耳用温水泡发30分钟，去蒂，掰碎。

2 雪花梨洗净、去皮、切块。皮留着。

制作方法

1 隔水电炖盅加水，放入切好的梨块、梨皮、银耳、话梅，炖3小时。

2 加入冰糖和枸杞再炖30分钟。

扣扣说

小吊梨汤中加入银耳，使汤汁浓稠，炖的时间相对来说比较短，口感不用像银耳羹那样需要出胶。小吊梨汤清热解渴，放凉喝更好。

后记

我叫扣扣，不是英文的 CoCo。我是家里的二胎，20 世纪 80 年代计划生育管控最严的几年，我妈妈怀了我，不忍心错过一个小生命，于是在巨大的压力下生了我。父母因此受到影响，扣工资！原本一个月只有四十几块钱的工资还要因为我的降生再扣钱，家里生活压力变大，我就被家里人叫“扣儿”，扣钱的扣。这个名字代表了我的出生，也是家人对我的爱称。

从上小学开始，我就是一个不爱说话、永远坐在角落里、超级内向的小姑娘。现在的我却变成了一个每天叽里呱啦话不停的话痨。身边的人都说我变了，变得越来越开朗了，每个认识我的人都愿意和我在一起，跟我聊天，喜欢我。

其实这种转变来自一场毫无征兆的疾病。2012 年 9 月一次单位例行体检，结果报告显示血常规不正常，白细胞是正常人的近两倍，血小板超出正常范围两倍之多。看到结果后，我的心很慌乱，不敢跟家里人说，便独自一人去了血液病医院做详细的检查。医生看过我的血液报告单，马上让我做骨髓穿刺做进一步的确诊，我预感到结果不会太好，如果没大问题不可能做这种检查吧。直到现在我都清晰地记得，一根好粗的管子从腰椎扎进去，我不敢看。在医院做完检查后，我就回到正常生活中，继续工作，继续看孩子，为了掩饰后背上骨髓穿刺留下的洞，我就每天在背后贴一块大膏药，有时家人貌似察觉到不同，我就谎称自己腰疼，就这样熬着日子等 30 天后的诊断结果。

就在结果出来的前一天，我的内心终于支撑不住，崩溃了。我终于忍不住告诉了我老公发生的一切，痛哭一场。最后是老公陪我去医院拿诊断结果的。医生说我得的是真性红细胞增多症，一种造血干细胞的克隆性紊乱、以红细胞异常增殖为主的慢性骨髓增殖性疾病。我听到这么陌生的名字都蒙了。医生把我老公叫去，小声地解释："因为血小板严重偏高，出血和血栓都极有可能发生。她的骨髓已经出现纤维化了，这是个危险的信号，必须立即治疗。"虽然医生尽量在压低声音，但这些话还是被当时神经极为敏感的我听到了，我伏在老公肩膀上痛哭流涕，老公赶紧安慰我："别怕，又不是白血病，再说了，不是还有我吗！"

这种小概率的疾病发生在我身上，哪怕再苦闷再不甘，我必须接受这个事实，因为我想活着，多活几年，多陪陪老公，多陪陪孩子，多陪陪父母，我只能积极治疗。我开始吃化疗药，同时真切地感受到病痛带给我身体上的折磨。头发大把大把地脱落、经常性地头痛难忍、指甲逐渐变黑、长期服用激素导致体重激增……看着镜中完全变了的自己，我完全不敢相信，这个镜中的自己才刚刚 30 岁……爱美的我有些忍受不了镜子中的自己，便戴上了假发，掩盖外在的不完美。

吃化疗药长达半年，我遇到了生命中最大的恩人，天津血液研究所肖志坚主任。他仔细地分析了我的病情，给我换了针剂干扰素，一种药物反应比较小的针剂。我开始打针治疗，我的专属护士就是我老公。

记得刚开始打针的时候，我是自己给自己注射的，皮下注射，打肚皮或者打胳膊，为了不让针眼太显露，我就打在肚皮上，不过撩开衣服看，肚子上满处都是针眼。有一次，在我父母家，我下不去手打针，尽管针管不粗，但我给自己扎的时候真是下不去手，我爸爸接过针要帮我打，打针不是什么力气活，但爸爸出了一头的汗，我看到的是爸爸的心疼。从这以后，我就让我老公给我打针了。长期下来，我的肚皮上都是死皮，不过没事儿，这些都不能影响我的心情，只要我能活着！现在，除了打针吃药的时候，谁也看不出我是一个病人，我也不愿意老和别人谈论我的病情，我不需要同情或怜悯，我知道自己已经足够坚强和勇敢，这个才是真正的扣扣。

最近热映的电影《我不是药神》里，我感触最深的一句话可能跟别人都不一样。徐峥看见在酒吧热舞的思慧说："这他妈的哪像个病人！"这个时候我就在想我自己，我是个病人？吕受益接着说："不是她，是她女儿。"回想起刚开始得病的时候，我时常看病友群的聊天，刚开始我觉得是找到了组织，后来每天都是各种讨论病情、轻生的、抑郁的、病情还没稳定就想要二胎的、不听医生话的……各种负能量。但我与负能量格格不入，我希望我的心态能感染到一些病友，传递坚强乐观，而不是被病魔打倒。人活一世，夫妻、母女，都是缘分，要懂得珍惜，好好活着比什么都强。我虽然没有把自己当病人看，但是我老公把我当病人，看电影时，我老公哭得比我厉害，作为病人家属，他承受的心理压力远比我大，为了家人，我更要好好的。

我刚结婚那会儿不太会做饭，是女儿萱萱出生后才开始琢磨做饭的。萱萱从小就对牛奶过敏，乳糖不耐受，对牛奶的味道一直很抗拒，我就用豆粉或羊奶粉代替。我也学着亲手给她做各种辅食，女儿特别爱吃。可能算是女儿的鼓励吧，我就起了把做早餐这件事继续下去的念头，弄一个早餐日志，等女儿长大后看到这些照片会想到妈妈曾经给她做过这么多早餐，留个念想。

这一做就坚持了 5 年有余。每天早晨 6 点，我都会准时起床，打开厨房的顶灯，在昏黄的灯光下准备新一天的早餐。等早餐做得差不多了，就叫萱萱起床，然后匆忙地摆盘、布景、拍照。说真的，早上拍照的时间太仓促了，既要保证做好的早餐不凉掉，又要保证孩子上学不能迟到，所有的时间都精确到分钟来计算。咔咔咔，俯拍一个全家福，再 45° 一个特写，5 分钟搞定。

我做早餐的初衷是为了孩子，我一直认为，吃早餐的孩子和不吃早餐的孩子，一天的学习状态绝对是不一样的。我记得我小时候，一年级就是自己走路上学，路上买面包当早点，或者是早上自己煮包方便面。虽然没有营养，但那个时候真是觉得方便面太好吃了。我现在当了母亲，就希望自己的孩子早餐能吃点有营养的东西。为了更全面地了解营养搭配的知识，我还专门学习了营养学，考了国家二级公共营养师。譬如，给萱萱做她最爱的虾仁意面，一定要配上清淡营养的小炒时蔬，再来一杯暖胃的奶茶，齐活儿。

有些人会觉得，每天早上吃这么丰富干吗？有时间做早餐，还不如多睡会儿觉呢。做早餐，虽然费了些工夫，但这个过程是我一天中最开心的时刻。早餐吃得好点，一天的精神状态都会更加饱满呢。

我的妈妈是一个传统的女性，勤劳朴实，以家为主，为家里人辛苦一辈子。我的爸爸是一个非常严厉的人，从小对我们姐妹俩就很严格，直到现在我都害怕他凶起来的样子。我的姐姐是一名优秀的小学教师，我做什么姐姐都会给我捧场。我的奶奶没上过什么学，年纪轻轻就自己带大三个孩子，在我心里她是最伟大的女性，谁也不能和奶奶相提并论。这些我爱的家人永远是我的港湾，最坚强的后盾。

小时候我就给家里赚钱了。为了多赚一些钱补贴家用，妈妈会弄来一些在家里做的工作，做布娃娃穿的衣服、贴计算器的标签、做一些小零件，整筐整筐地做，全家人围在一起干活儿，说说笑笑的，一点也不觉得辛苦，特别幸福。

那个时候冬天的蔬菜好像就是大白菜、土豆、萝卜。冬天家里要靠点炉子取暖。白天奶奶和我在家，家里冷冷清清的，晚上父母和姐姐都回家了，才能感觉到家的温暖。煮上一大锅羊肉丸子汤，外面下着鹅毛大雪，听爸妈讲工作的事情，听姐姐讲学校的事情，一家人围坐在餐桌前，心里和胃里都暖暖的。

2010 年 5 月我迎来了一个小生命的诞生，却在 6 月失去了我最心爱的亲人——我的奶奶。奶奶从小把我带大，上学那会儿，中午我不爱在学校吃饭，都要跑回家吃奶奶做的饭，奶奶做的土豆丝、鸡蛋羹、虾皮青椒、熏鱼，是我永远忘不了的最美味道，是谁都复制不出的家的味道。

奶奶走的时候，家里人怕我伤心过度，都瞒着我，这是我这一生最大的遗憾，没能见到奶奶最后一面。奶奶走了，我最爱的奶奶，一直最疼爱我的奶奶，您在天堂还好吗？我好想、好想、好想您，好想再听您叫我一声“扣儿”呀！爸爸安慰我：傻丫头，你要学会去接受，生老病死是一个循环，我们每个人都会有那一天。其实我好怕身边的人离开，怕孤独，怕寂寞，我更怕有一天我留下萱萱先走了。

萱萱 8 岁生日的时候许下心愿，她悄悄地跟我说：“妈妈，我希望为你找到让你长生不老的人参果。”此时我只想紧紧地抱住她，永远不放手。我知道，为了女儿，我也要坚强。

2018 年 5 月 18 日 萱萱 8 岁生日，做永远快乐的小天使

2017 年 8 月底，我在自己的微博上收到《舌尖上的中国 3》的邀请，觉得很不可思议。我做的都是很家常的菜，怎么会上舌尖呢？导演组的人一直与我联系沟通，我仍然觉得不一定找我拍吧。直到有一天和我说：“扣扣，我们明天去天津，来你家拍摄哦。”我脱口而出：“啊！你们真来啊？”这时我才恍惚确定，舌尖真的找我拍诶。

舌尖摄制组来拍摄的时候，真心不知道要做什么拍什么，真的是太纪实太真实了，我做什么他们就拍什么，都没有提前准备。如果能够重新来过，估计我会特意收拾一下房间打扫一下卫生吧。

2017 年 10 月 23 日　《舌尖上的中国 3》来家里拍摄

我很怀念和摄制组一起拍摄的日子。每天早上五六点就开工了。摄制组工作人员住的宾馆的早饭不好吃，我就把大家留在家里吃早饭。老公怕我身体吃不消，特意请假给我打下手，从采购到洗菜，大家一边做饭一边聊天，开心极了。

2018 年 2 月 23 日，正月初八，我们全家被邀请到中央电视台演播大厅观看《舌尖上的中国 3》首播。从去年 10 月录制完节目，到播出已经过去几个月了，期间导演为了保持神秘感，一点儿也没有提前剧透。当天吃完早饭，我们就开车出发来北京，还是第一次进中央电视台呢。走进央视演播大厅，在直播间和导演一起看完节目。

2018 年 2 月 23 日 与《舌尖上的中国 3》摄制组合影

2018 年 2 月 23 日 中央电视台演播大厅观看《舌尖上的中国 3》首播

播出结束，回到酒店休息，我的微信和微博都被轰炸了。舌尖的影响力太大了，面对网络上各种各样的评论，我也曾情绪低落、心乱如麻，在经历了几天自我调整，我又恢复了往日的正常状态。我觉得我是光荣的，一个妈妈，一个生病的妈妈，一个爱孩子的妈妈，一个热爱生活的妈妈。我不能做到让每个人都喜欢和接受我，我做自己就好了，认真对待每一天，在有限的生命中不留下任何遗憾，因为每分钟都不可辜负。

与君共勉。

一直做坚强乐观的自己

幸福的一家三口